本书由国家自然科学基金（No. 51908488）
和中央高校基本科研业务费专项资金资助

自然保护地体系空间重构

——政策背景、技术方法与规划实践

高 黑 吴佳雨 唐乐乐 等 著

化学工业出版社
·北京·

编写人员名单：高　黑　吴佳雨　唐乐乐
李伟强　陈云文　王　龙

图书在版编目（CIP）数据

自然保护地体系空间重构：政策背景、技术方法与规划实践/高黑等著. —北京：化学工业出版社，2020.5
ISBN 978-7-122-36361-9

Ⅰ.①自…　Ⅱ.①高…　Ⅲ.①自然保护区-建设-研究-中国　Ⅳ.①S759.992

中国版本图书馆CIP数据核字（2020）第037198号

责任编辑：王　斌　毕小山　　装帧设计：关　飞
责任校对：刘　颖

出版发行：化学工业出版社（北京市东城区青年湖南街13号　邮政编码100011）
印　　装：北京宝隆世纪印刷有限公司
710mm×1000mm　1/16　印张11¼　字数216千字　2020年5月北京第1版第1次印刷

购书咨询：010-64518888　　售后服务：010-64518899
网　　址：http://www.cip.com.cn
凡购买本书，如有缺损质量问题，本社销售中心负责调换。

定　　价：98.00元

前言

党的十八大以来，生态文明建设作为一项重要内容，以其独特的战略地位，与经济建设、政治建设、文化建设、社会建设共同构成中国特色社会主义五位一体的总体布局。在国土空间规划背景下，建立以国家公园为主体的自然保护地体系，是贯彻习近平生态文明思想的重大举措，是党的十九大提出的重大改革任务。自然保护地是生态文明建设的核心载体、中华民族的宝贵财富、美丽中国的重要象征，在维护国家生态安全中居于首要地位。

在这一全新的时代背景之下，如何契合国土空间规划、国家公园体制改革等国家宏观政策的指引，构建科学合理的自然保护地体系，同时建立规范高效的管理体制，从而使不同类型的自然保护地能够实现相互协调与可持续发展，成为当下亟待解决的重要问题。为此，浙江大学建筑设计研究院与浙江大学园林研究所展开通力合作，充分发挥专业实践与学科研究的综合优势，以人与自然的和谐发展作为基本立足点，充分考虑保护与发展之间的平衡，从全域层面进行自然保护地的系统研究，进而提出基于平衡理念与空间大数据分析技术支撑的自然保护地体系空间重构方法，并以浙江省江山市的自然保护地为具体对象展开严谨的规划实践研究，为其描绘未来的发展蓝图。

作为浙江省自然保护地整合的试点之一，江山市目前共有六处自然保护地，在级别上包含两处国家级自然保护地与四处省级自然保护地，在类别上则涵盖自然保护区、风景名胜区、地质公园等多种类型。本书将以国家宏观政策为前提，以风景综合价值为重要依托，以数据分析为技术支撑，通过自然保护地边界优化整合与分级、分类管控，构建江山市域范围内的自然保护地体系，着重解决现有自然保护地在范围重叠、管理重复、权属不明等方面的问题。

本书一方面结合了理论模型与规划实践，提供了一条从国家自然保护地政策到技术体系的可行途径；另一方面致力于探索大地景观规划的一种实践研究范式，从而做到真正意义上的产学研相结合。书中的研究成果得到了浙江省林业局、江山市林业局的各位专家以及业界同仁们的认可，其不仅可以作为江山市未来自然保护地规划编制的纲领性文献，亦提出一套具有一定普适意义的模式与方法，可为其他地域自然保护地体系的构建提供适当的参考与借鉴。

高黑

2019年12月

目录

第1章 政策背景 / 1

1.1 全国生态文明体制改革的时代背景 / 1
1.2 新时代国土空间规划体系建设的关键时期 / 3
1.3 自然保护地专项规划的核心问题 / 5

第2章 我国自然保护地布局现状及问题分析 / 7

2.1 我国自然保护地体系的建设现状 / 7
2.2 我国自然保护地体系的发展历程 / 9
2.2.1 自然生态保护阶段（1956—1981年） / 9
2.2.2 风景游憩功能兴起阶段（1982—1999年） / 10
2.2.3 多类型自然保护地涌现阶段（2000—2013年） / 10
2.2.4 体系改革与整合重组阶段（2014年至今） / 10
2.3 我国自然保护地体系管理的逻辑与经验 / 11
2.3.1 我国自然保护地管理体系的两类治理逻辑 / 11
2.3.2 我国自然保护地管理体系的两重主要经验 / 13
2.4 我国自然保护地管理体系存在的主要问题 / 14
2.4.1 多头管理与重叠管制造成的部门外部性 / 14
2.4.2 属地管理架空部门管制造成的区域外部性 / 16
2.4.3 长期自主申报制度导致自然保护地空缺问题严重 / 17

2.4.4 抢救式保护导致划界不严谨、历史遗留问题较多 / 17
2.4.5 权属不明、产权制度不健全影响自然保护地管制效力 / 17

第3章 国内外自然保护地布局优化与空间管制进展概述 / 19

3.1 自然保护地的空间布局优化 / 19
3.1.1 生态热点地区和保护优先性评价 / 19
3.1.2 自然保护地布局优化思路 / 21
3.2 自然保护地的分区分类 / 22
3.2.1 国外自然保护地分区分类系统 / 22
3.2.2 我国自然保护地分区分类系统 / 25

第4章 规划实践项目概况 / 29

4.1 江山市基本情况 / 29
4.1.1 行政区划 / 29
4.1.2 城市发展 / 31
4.2 江山市自然人文概况 / 32
4.2.1 自然地理 / 32
4.2.2 历史人文 / 33
4.3 江山市现有自然保护地现状情况 / 34
4.3.1 江山市现有自然保护地分布情况 / 34
4.3.2 江山仙霞岭省级自然保护区分级分类设置情况 / 40
4.3.3 江郎山国家级风景名胜区分级分类设置情况 / 43
4.3.4 江山金钉子地质遗迹省级自然保护区分级分类设置情况 / 46
4.3.5 浙江江山港省级湿地公园分级分类设置情况 / 50

4.3.6 仙霞国家森林公园分级分类设置情况 / 52
4.3.7 江山浮盖山省级地质公园分级分类设置情况 / 55

4.4 现状问题总结 / 58

第5章 自然保护地布局优化及边界划定 / 61

5.1 自然保护地整合归并原则与布局优化评估 / 61
5.1.1 相邻自然保护地整合原则 / 61
5.1.2 重叠区域的处理原则 / 61
5.1.3 空间布局优化评估原则 / 62

5.2 基于“三线”协调的自然保护地范围初步候选区域筛选 / 63
5.2.1 评价目的 / 63
5.2.2 评价对象 / 64
5.2.3 评价指标体系构建 / 64
5.2.4 指标标准化与权重配赋方法 / 67
5.2.5 评价模型 / 68

5.3 自然保护地边界优化的评定参考要素 / 71
5.3.1 影响边界划定的核心因素 / 71
5.3.2 边界优化参考要素选取 / 73

5.4 自然保护地边界优化技术流程 / 74
5.4.1 资源本底评估与初次聚合优化 / 74
5.4.2 自然保护地元素与资源基底聚类的相交 / 75
5.4.3 衔接协调既有建设管制条件 / 76

5.5 自然保护地边界优化制度保障 / 76
5.5.1 明确自然资源权属，实行统一分级管理 / 76
5.5.2 加强“一张图”信息化和立体化动态监测管理 / 77
5.5.3 健全自然保护地评估与调整优化体系 / 77

5.5.4 加强要素横向流动与跨行政区合作 / 77
5.5.5 推行自然保护地拓展加盟小区设置 / 77

第6章 基于现实基础的自然保护地边界优化与衔接 / 79

6.1 衔接国土空间“三区三线” / 79
6.1.1 冲突图斑的三类用地适宜性分析 / 79
6.1.2 三类用地适宜区初划 / 81
6.2 江山市域风景综合价值评价 / 81
6.2.1 市域范围风景综合价值评价 / 81
6.2.2 现状自然保护地资源评价 / 93
6.3 自然保护地候选范围的初划 / 101
6.3.1 调查单元空间聚类与资源本底评估 / 101
6.3.2 潜在保护地图斑划定及候选范围C2确定 / 107
6.4 自然保护地范围边界的优化调整 / 108
6.4.1 现状自然保护地边界整合 / 108
6.4.2 自然保护地范围边界整合前后对比 / 125

第7章 自然保护地内部空间管制方法探索 / 137

7.1 自然保护地空间管制的分级分类体系 / 137
7.1.1 自然保护地分级管控 / 137
7.1.2 自然保护地分类体系 / 139
7.2 自然保护地空间管制的功能分区设想 / 140
7.2.1 自然保护地分区方案设想 / 140
7.2.2 既有自然保护地分区转换 / 142

7.2.3 自然保护地分区管控规则 / 155

7.3 自然保护地空间管制的协调性 / 157

7.3.1 分类解决历史遗留问题 / 157

7.3.2 对接调整空间规划 / 158

7.3.3 探索社区共管共建模式 / 158

7.4 自然保护地空间管制的央地协同模式探索 / 159

7.4.1 国际国家公园空间管制的经验启示 / 160

7.4.2 纵向分级确定央地政府事权边界 / 161

7.4.3 横向分类确定专业部门涉入深度 / 162

7.5 自然保护地空间管制的利益协调机制探索 / 164

7.5.1 自然保护地主要损益协调工具 / 164

7.5.2 四类损益协调机制适用情境分析 / 164

后记 / 168

参考文献 / 169

第1章

政策背景

1.1 全国生态文明体制改革的时代背景

随着我国的发展进入新的历史阶段，坚持人与自然和谐共生的绿色发展、高质量发展成为基本方略，重构现代化的国土空间治理体系成为新时代国家治理的客观要求，而生态文明建设与体制改革则是国土空间治理体系重构的重要驱动与突破口。生态文明体制改革旨在通过一系列体制机制改革，健全和完善自然资源、生态和环境的保护制度，并以此为关键抓手，完善国土空间开发保护制度的建设，理顺国土空间开发、利用、保护、修复、整治的总体秩序，最终推动清晰的、现代化的国土空间治理体系构建（表1.1）。

表1.1 与自然保护地体系建设相关的政策文件梳理

时间	文件名称	主要内容
2013年11月	《中共中央关于全面深化改革若干重大问题的决定》	在生态文明建设中建设国家公园体制，标志着国家公园建设上升为国家战略
2014年7月	《关于开展生态文明先行示范建设(第一批)的通知》	青海省、河北省承德市、湖北省十堰市、河南省南阳市、安徽省黄山市、黑龙江省伊春市、重庆市渝东北三峡库区等地区被列为探索建立国家公园体制试点
2014年8月	《国务院关于促进旅游业改革发展的若干意见》	稳步推进建立国家公园体制,实现对国家自然和文化遗产地更有效的保护利用
2015年1月	《建立国家公园体制试点方案》	提出国家公园试点地区的选择和建立原则，国家公园试点应重点“突出生态保护、统一规范管理、明晰资源归属、创新经营管理和促进社区发展”,该文件标志着国家公园体制建立开始启动

续表

时间	文件名称	主要内容
2015年4月	《中共中央国务院关于加快推进生态文明建设的意见》	界定国家公园的功能为“保护自然生态和自然文化遗产原真性、完整性”
2015年9月	《生态文明体制改革总体方案》	改革各部门分头设立自然保护区、风景名胜区、文化自然遗产、地质公园、森林公园等体制，对上述保护地进行重组
2016年3月	《“十三五”规划纲要》	明确要求建立国家公园体制，整合设立一批国家公园
2017年9月	《建立国家公园体制总体方案》	提出：“构建统一规范高效的中国特色国家公园体制，建立分类科学、保护有力的自然保护地体系”
2018年3月	《国务院机构改革方案》	组建国家林业和草原局，加挂国家公园管理局牌子，由国家林业和草原局统一监督管理国家公园、自然保护区、风景名胜区、海洋特别保护区、自然遗产、地质公园等自然保护地。机构改革方案的出台标志着我国以国家公园为主体的自然保护地体系制度建设大幅度推进
2019年6月	《关于建立以国家公园为主体的自然保护地体系的指导意见》	明确了建成中国特色的以国家公园为主体的自然保护地体系的总体目标，提出三个阶段性目标任务，标志着我国自然保护地进入全面深化改革的新阶段

在我国生态文明体制的改革中，重新构建以国家公园为主体的自然保护地体系作为其中的关键环节被提出。《生态文明体制改革总体方案》指出：“建立国家公园体制。加强对重要生态系统的保护和永续利用，改革各部门分头设置自然保护区、风景名胜区、文化自然遗产、地质公园、森林公园等的体制，对上述保护地进行功能重组，合理界定国家公园范围。”进而《建立国家公园体制总体方案》发布，标志着我国以国家公园为主体的自然保护地体系制度建设大幅度推进。2019年6月，中共中央办公厅、国务院办公厅印发《关于建立以国家公园为主体的自然保护地体系的指导意见》（以下简称《指导意见》），标志着我国自然保护地进入全面深化改革的新阶段。《指导意见》提出：“到2020年，完成国家公园体制试点，设立一批国家公园，完成自然保护地勘界立标并与生态保护红线衔接，制定自然保护地内建设项目负面清单，构建统一的自然保护地分类分级管理体制。到2025年，健全国家公园体制，完成自然保护地整合归并优化，完善自然保护地体系的法律法规、管理和监督制度，提升自然生态空间承载力，初步建成以国家公园为主体的自然保护地体系。到2035年，显著提高自然保护地管理效能和生态产品供给能力，自然保护地规模和管理达到世界先进水平，全面建成中国特色自然保护地体系。自然保护地占陆域国土面积18%以上。”

重塑以国家公园为主体的自然保护地体系是我国生态文明体制建设中的重要探索，其根本目的在于以其为抓手和契机破除造成目前自然保护地治理困境的各种机制体制弊端，重新实现以山水林田湖草作为生命共同体的系统保护。《生态文明体制改革总体方案》提出："按照生态系统的整体性、系统性及其内在规律，统筹考虑自然生态各要素、山上山下、地上地下、陆地海洋以及流域上下游，进行整体保护、系统修复、综合治理，增强生态系统循环能力，维护生态平衡。"以国家公园为主体的自然保护地体系作为一种针对特殊区域统筹治理的实验和模板，将为我国国土空间开发保护体系建设中的深层次问题提供解决思路。

首先，从治理客体角度来看，国家公园体系的建立试图理顺各类自然生态与文化景观资源体系，打破以往要素间分割与地域间分割的条块管理模式，重新从要素的系统整体性与多要素的耦合协同性的维度出发，对空间治理的地域单元进行重新定义，建立一种跨越条块的统筹治理的特殊保护区域。《建立国家公园体制总体方案》中明确指出，国家公园应"保护具有国家代表性的大面积自然生态系统"，选址布局应着力突出自然生态系统的原真性和完整性，"确保面积可以维持生态系统结构、过程、功能的完整性"。

其次，从治理主体角度来看，国家公园体系的建立试图理顺当前各管理和权益主体间错综复杂的权责关系。与治理客体的尺度和地域重组相匹配的是治理主体的事权重构，后者是支撑前者运行的内在机制。由此可知，保护地运营中的事权与财权面临着中央与地方之间的博弈及合理分割问题，而在管理体系方面则面临属地管理与部门管理、专业性管理与综合性管理之间的关系如何处理的问题。以上问题都将直接影响保护地的管理机制能否有效运行。

1.2 新时代国土空间规划体系建设的关键时期

国土空间规划和自然保护地体系建设都是目前中国生态文明体制建设中的重要任务。二者当前都处于改革的关键时期，需要对既往的体系框架进行重新梳理，对相关部门的权责进行整合重组，对已有的技术标准进行衔接，并提出新体制顶层设计的方案（赵智聪等，2019）。

《中共中央国务院关于建立国土空间规划体系并监督实施的若干意见》（以下简称《若干意见》）提出，建设国土空间规划的五级（国省市县乡）三类（总体规划、专项规划、详细规划）体系。该文件明确了自然保护地专项规划在国土空间规划中的基本定位，由所在区域或上一级自然资源主管部门牵头组织编制，报同级政府审批，如图1-1所示。《若干意见》要求，对以国家公园为主体的自然保护地实行特殊保护制度，因地制宜制定用途管制制度，为地方管理和创新活动留有空间。根据《关于全面开展国土空间规划工作的通知》（自然资发〔2019〕87号），省级国土空间规划审查要点包含体现地方特色的自然保护地体系建设，同时在国务院审批的市级国土空间总体规划的审查要点中，要求对自然保护地体系建设的内容进行深化。

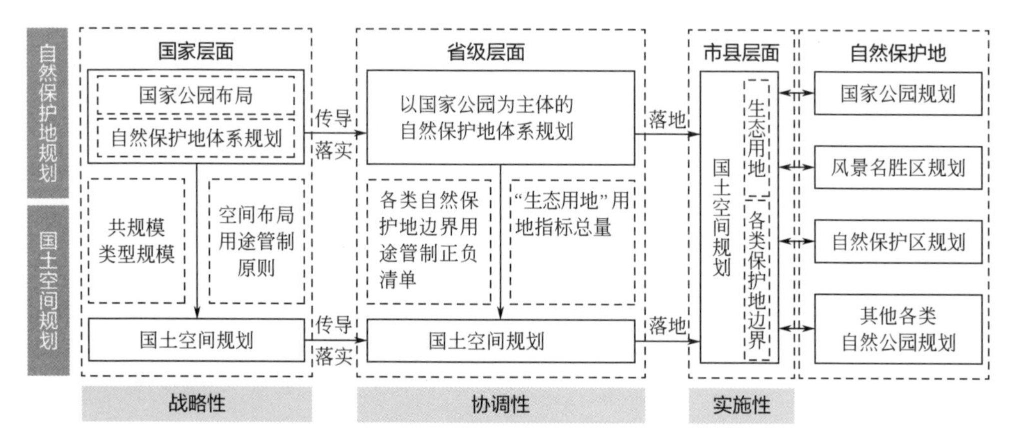

图1.1　自然保护地体系规划在国土空间规划中的定位

在编制目标方面，自然保护地专项规划作为国土空间规划体系中以“实现自然保护为首要目标的专项规划”，其“在技术路径上需要满足的基本条件之一是能够以自然保护为目标划定最需要保护的国土空间”（赵智聪等，2019），从而解决国土空间规划体系中由于双评价体系不完善或地方评估精度不足而造成的重要保护地缺失问题。

在编制层级方面，自然保护专项地规划在与不同层级的国土空间规划的衔接过程中，应满足不同尺度空间管制的要求。国家级与省级的宏观规划将对自然保护地的整体布局体系提出要求，并协调国家重大交通能源等基础设施、永久基本农田、城镇开发边界等与自然保护地布局的冲突；而在市县级规划中，则需对自然保护地的四至边界进行具体划定，对相应的用地图斑和关键指标进行具体的空间落位，并提出不同类型分区的空间管制规则。因此，自然保护地专项规划既是对国家和省级自然保护地体系总体布局的落实，又是对市县级国土空间规划中底线型生态空间划定与用途管制制度的有力支撑。

在编制时序方面，自然保护地专项规划是国家和省级国土空间规划编制的重要前置规划，是为了在宏观层面保障国家生态安全底线，优先从全局性的视角保护重要自然生态系统的完整性和原真性。自然保护地体系建设的内容应在国土空间规划体系中充分反映，并作为约束和协调城镇建设、基础设施布局、农业生产活动的有效依据；而自然保护地专项规划需与市县层面的国土空间规划编制协同进行，综合考虑自然生态保护价值、保护地设置成本、用地现状类型与权属情况、当地城乡社区居民权益等因素，进行综合协调与精细化管控。

在成果校验方面，自然保护地体系建设与国土空间规划体系之间以国土空间规划“一张图”的形式进行衔接联动并实现精细化管理。《中共中央国务院关于建立国土空间规划体系并监督实施的若干意见》要求，“相关专项规划在编制和审查过程中应加强与有关国土空间规划的衔接及‘一张图’的核对，批复后纳入同级国土空间基础信息平台，叠加到国土空间规划‘一张图’上”，与国土空间规划进行联动管理。根据《自然资源部办公厅关于开展国土空间规划“一张图”建设和现状评估工作的通知》（自然资办发〔2019〕38号），各级各类国土空间规划编制及其生态保护红线、永久基本农田、城镇开发边界、自然保护地和历史文化保护范围的划定等内容均须与一张底图对应，一张底图应随年度国土利用变更调查、补充调查等工作及时更新。

1.3 自然保护地专项规划的核心问题

自然保护地专项规划与国土空间规划的衔接中最核心的问题即为对“三线”的协调衔接。自然保护地空间布局是生态红线等国土空间规划体系中重要管控底线划定的关键依据。科学合理、边界清晰的自然保护地空间布局对城镇、农业、生态三类空间的有序布局与“三线”的科学划定具有重要意义。

《关于建立以国家公园为主体的自然保护地体系的指导意见》明确：“开展自然保护地勘界定标并建立矢量数据库，与生态保护红线衔接。”《生态保护红线划定指南》要求，在生态红线划定的过程中，需要与自然保护地进行叠加校验，确保生态红线划定范围涵盖国家级和省级禁止开发的区域以及其他有必要严格保护的各类保护地。

其中，国家级和省级禁止开发的区域具体包括：国家公园、自然保护区、森林公园的生态保育区和核心景观区、风景名胜区的核心景区、地质公园的地质遗迹保护区、世界自然遗产的核心区和缓冲区、湿地公园的湿地保育区和恢复重建区、饮用水水源地的一级保护区、水产种质资源保护区的核心区，以及其他类型禁止开发区的核心保护区域。

其他有必要严格保护的各类保护地指，除上述禁止开发的区域以外，各地结合实际情况，根据生态功能重要性，将有必要实施严格保护的各类保护地纳入生态保护红线范围，主要涵盖：极小种群物种分布的栖息地、国家一级公益林、重要湿地（含滨海湿地）、国家级水土流失重点预防区、沙化土地封禁保护区、野生植物集中分布地、自然岸线、雪山冰川、高原冻土等重要生态保护地。

在调整确定生态保护红线最终边界时，也需重点参考自然保护区、风景名胜区等各类自然保护地的边界。根据自然资源部、生态环境部印发的生态保护红线评估工作方案、生态保护红线调整和管控要求，评估自然保护地内与生态保护红线管控要求存在冲突的区域，调整优化后全部划入生态保护红线。

由于我国自然保护地体系建设长期存在自主申报、多头管理、抢救式保护的情况，保护地空间范围可能与城乡建设、永久基本农田存在大量交叠，遗留历史问题较多，因而保护地布局优化也需着重关注与城镇开发边界、永久基本农田的协调，分类有序地解决历史遗留问题。

值得注意的是，在当前我国的国土空间规划体系中，“双评价”是总体规划中科学有序统筹布局各类国土空间的基础，其在理论上也是国土空间规划“三线”划定与“三区”划分的重要参考。但“双评价”的目标与自然生态保护的目标并非完全一致，相应地，其评价精度也与自然保护地规划编制时进行本底评价的精度要求有所不同。“双评价”的核心逻辑在于使国土开发秩序与其资源环境承载能力相匹配，从而更好地指导区域主体功能定位的落实，理顺国土空间开发的秩序，提升国土空间利用效率。因而“双评价”结果的适用精度更多为区域性的、综合性的；加剧这种情况的是，相当多的市县由于缺失更精细化的生态系统与生物多样性的本底数据，因此在编制国土空间规划时不再进行评价，而是直接采纳上一级评价的结果。这使国土空间规划的编制中，仅依据“双评价”结果并不能直接指导生态红线等精细化管制线的划定，其仍需参考自然保护地专项本底评价与具体边界划定。所以在自然保护地规划与国土空间规划的衔接过程中，仍需基于“三线”协调的总体逻辑，对国土空间利用的适宜性进行微观的、基于要素的、精细化的评估，并根据评估结果对自然保护地的空间管制布局和国土空间总体规划中的“三线”范围进行实事求是的协调与重新调整，优化保护地边界，协同划定生态保护红线，衔接优化永久基本农田布局与城镇开发边界。

第2章

我国自然保护地布局现状及问题分析

2.1 我国自然保护地体系的建设现状

我国目前已有各级各类自然保护地约1.18万处，保护面积覆盖我国陆域面积的18%、领海的4.6%，在维护国家生态安全、保护生物多样性、保存自然遗产和改善生态环境质量等方面发挥了重要作用[1]。我国现有的各类自然保护地主要包括：自然保护区、风景名胜区、地质公园、森林公园、海洋公园、湿地公园、冰川公园、草原公园、沙漠公园、草原风景区、水产种质资源保护区、野生植物原生境保护区（点）、自然保护小区、野生动物重要栖息地等[2]。这些不同类型的自然保护地隶属于不同的管理部门，形成了以自然保护区为主体的保护地集合。在所有各类自然保护地中，自然保护区占主体地位，面积约占各类保护地总面积的70%，占全国陆域总面积的14.8%（唐小平等，2019）。其中，国家级自然保护区428个，约占国土面积的10%。我国的自然保护地类型较为多样，分别隶属于原林业部门、环保部门、住建部门等不同管理部门，其中原林业部门管理的自然保护地类型最多，其规模约占自然保护地总面积的67%，其次为环保部门（10%）、住建部门（9%）、农业部门（8%）、海洋部门（4%）等，其他部门都不足1%（唐小平等，2017）。

---

❶ 参考《我国自然保护地进入全面深化改革的新阶段——国家林草局有关负责人就〈关于建立以国家公园为主体的自然保护地体系的指导意见〉答记者问》。

❷ 参考《关于建立以国家公园为主体的自然保护地体系的指导意见》。

我国当前主要类型自然保护地的定义、地理空间属性、自然属性和功能属性见表2.1。

表2.1 我国当前主要类型自然保护地的定义与属性

类别	定义	地理空间属性	自然属性	功能属性	依据
自然保护区	对有代表性的自然生态系统、珍稀濒危野生动植物物种的天然集中分布区有特殊意义的自然遗迹等保护对象所在的陆地、陆地水体或者海域，依法划出一定面积予以特殊保护和管理的区域	一定面积的区域：陆地、陆地水体或者海域	有代表性的自然生态系统、珍稀濒危野生动植物物种的天然集中分布区，有特殊意义的自然遗迹等	予以特殊保护和管理	《中华人民共和国自然保护区条例》（2017年修订）
风景名胜区	具有观赏、文化或者科学价值，自然景观、人文景观比较集中，环境优美，可供人们游览或者进行科学、文化活动的区域	景观集中、可供人们活动的区域	自然景观与人文景观并重，强调观赏、文化与科学价值	可供人们游览休息或进行科学、文化、教育活动	《风景名胜区条例》（2016年年修订）
森林公园	森林景观优美、自然景观和人文景物集中，具有一定规模，可供人们游览、休息或进行科学、文化、教育活动的场所	具有一定规模、景观集中、可供人们活动的场所	森林景观优美，自然景观和人文景物集中，具有一定规模	可供人们游览、休息，或进行科学、文化、教育活动	《森林公园管理办法》（2016年修订）
湿地公园	以保护湿地生态系统、合理利用湿地资源、开展湿地宣传教育和科学研究为目的，经原国家林业局批准设立，按照有关规定予以保护和管理的特定区域	予以保护和管理的特定区域	湿地生态系统、湿地资源	可供开展湿地保护与恢复，以及宣传、教育、科研监测、生态旅游等活动	《国家湿地公园管理办法》（2018年）
沙漠公园	以沙漠景观为主体，以保护荒漠生态系统为目的，在促进防沙治沙和保护生态功能的基础上，合理利用沙区资源，开展公众游憩、旅游休闲和进行科学、文化、宣传和教育活动的特定区域	以保护修复为主、开展部分人类活动的特定区域	沙漠景观、荒漠生态系统	以保护荒漠生态系统为目的，开展公众游憩、旅游休闲，及进行科学文化、宣传教育活动	《国家沙漠公园试点建设管理办法》(2014年)
地质公园	对具有国际、国内和区域性典型意义的地质遗迹，可建立国家级、省级、县级地质遗迹保护段、地质遗迹保护点或地质公园	予以保护和管理的特定区域	以地质遗迹景观为主体，融合其他自然景观	具有典型的地质科学意义、稀有的自然属性、重要的美学观赏价值	《地质遗迹保护管理规定》（1995年）
海洋特别保护区（包括海洋公园）	具有特殊地理条件、生态系统、生物与非生物资源及海洋开发利用特殊要求，需要采取有效的保护措施和科学的开发方式进行特殊管理的区域	具有特殊地理条件、进行特殊管理的区域	生态系统生物与非生物资源	需要采取有效的保护措施和科学的开发方式	《海洋特别保护区管理办法》（2010年）

续表

类别	定义	地理空间属性	自然属性	功能属性	依据
水利风景区	以水域（水体）或水利工程为依托，具有一定规模和质量的风景资源与环境条件，可以开展观光、娱乐、休闲、度假或科学、文化、教育活动的区域	具有一定规模、景观集中、可供人们活动的场所	水域（水体）或水利工程	可以开展观光、娱乐、休闲、度假或科学、文化、教育活动	《水利风景区管理办法》(2004年)
水产种质资源保护区	为保护水产种质资源及其生存环境，在具有较高经济价值和遗传育种价值的水产种质资源的主要生长繁育区域，依法划定并予以特殊保护和管理的水域、滩涂及其毗邻的岛礁、陆域	进行特殊管理的水域、滩涂及其毗邻的岛礁、陆域	具有较高经济价值和遗传育种价值的水产种质资源的主要生长繁育区域	保护水产种质资源及其生存环境	《水产种质资源保护区管理暂行办法》(2011年)
自然保护小区	重点保护野生动物栖息地和珍贵植物原生地，有保存价值的原始森林、原始次生林和水源涵养林，有特殊保护价值的地形地貌、人文景观、历史遗迹地带，机关、部队、企事业单位的风景区、旅游点、绿化地带，自然村的绿化林、风景林和烈士纪念碑、烈士陵园林地	特定保护区域或场所	重点保护野生动物栖息地和珍贵植物原生地，有保存价值的原始森林、原始次生林和水源涵养林，有特殊保护价值的地形地貌、人文景观、历史遗迹地带	由于其保护价值相对较低，并限于现有经济条件还不完全具备建立自然保护区的，由政府批准划定，进行地方性、群众性保护	《广东省社会性、群众性自然保护小区暂行规定》(1993年)
国家公园（试点）	由国家批准设立并主导管理，边界清晰，以保护具有国家代表性的大面积自然生态系统为主要目的，实现自然资源科学保护和合理利用的特定陆地或海洋区域	特定陆地或海洋区域	具有国家代表性的大面积自然生态系统	实现自然资源的科学保护和合理利用	《建立国家公园体制总体方案》(2017年)

2.2 我国自然保护地体系的发展历程

从1956—2016年我国自然保护地数量和类型的变化可知，自1956年我国设立第一个自然保护区以来，自然保护地的数量增长速率总体逐渐加快，自然保护地类型也越来越多样化，但总体而言，自然保护区在规模面积上仍占据主体地位。具体来说，我国的自然保护地体系发展历程可以分为以下几个阶段。

2.2.1 自然生态保护阶段（1956—1981年）

1956年，我国建立了第一个自然保护区——广东鼎湖山自然保护区，这标志着我国自然保护地发展的起点（王献溥，2003）。在此后的25年内，自然保护区成为我国唯一的自然保护地类型，且侧重于单一的自然保护功能。

2.2.2 风景游憩功能兴起阶段（1982—1999年）

1982年，风景名胜区作为我国第二个类型的自然保护地出现，国务院审定公布了北京八达岭十三陵、安徽黄山、杭州西湖等44处首批国家重点风景名胜区，并在《风景名胜区管理条例》（中华人民共和国国务院令第474号）中得到明确（张丽荣等，2019）。同年，森林公园制度也开始确立。在1982—1999年的17年间，我国自然保护地一直由自然保护区、风景名胜区、森林公园这三种类型组成。20世纪80年代以来自然保护区的数量开始快速增长，90年代以来国家级森林公园开始大量涌现，风景名胜区与森林公园两类型自然保护地使我国保护地的风景游憩功能开始兴起（贾建中，2012）。

2.2.3 多类型自然保护地涌现阶段（2000—2013年）

2001年开始，国家政府各个部门纷纷设立新的自然保护地类型，在2000—2014年的14年间，我国相继出现了7种类型的自然保护地，保护地的类型与数量都呈现高速增长的态势（彭琳等，2017）。7种类型保护地按照其建立的时间顺序分别为：地质公园（2000年）、水利风景区（2001年）、湿地公园（2005年）、海洋特别保护区（2005年）、水产种质资源保护区（2007年）、国家公园（2007年）、沙漠公园（2013年）（彭杨靖等，2018年）。各类保护地分属原国土资源部、水利部、原农业部、原国家海洋局等多个部门管理，由于各部门设立保护地的目标与管理逻辑都有所区别，因此我国该阶段自然保护地的功能呈现多元化的情形。

值得注意的是，云南省迪庆藏族自治州香格里拉普达措国家公园，是中国首个以“国家公园”命名的自然保护地（彭杨靖等，2018），而1982年由住建部门主导颁布建立的第一批“国家重点风景名胜区”，其译名也为“National Park of China”（中国国家公园），但在国家层面上开始建设国家公园体制试点的时间为2015年。

2.2.4 体系改革与整合重组阶段（2014年至今）

随着国家生态文明建设与体制机制改革总体进程的推进，自然保护地体系也进入了体系改革与整合重组的新历史阶段。2013年11月《中共中央关于全面深化改革若干重大问题的决定》首提“建立国家公园体制”，标志着国家公园的建设已上升为国家战略。我国开始探索建立国家公园体制，并以此为突破口对自然保护地体系进行重新梳理。2015年《建立国家公园体制试点方案》发布，确定了青海省、云南省等9个国家公园体制试点省（市），要求每个试点省（市）选取1个区域开展试点，标志着国家公园体制建立开始启动。截至2019年，批建的国家公园体制试点有11个，分别为：三江源、东北虎豹、大熊猫、祁连山、神农架、武夷山、钱江源、南山、普达措、北京长城和海南热带雨林（张文娟，2019）。随着国家公园试点的逐步开展，我国在实践中不断探索和总结自然保护地整合优化的思路与方法，力求解决保护地主导功能模糊、保护范围交叉重叠和“一地多牌”管理混乱等问题（彭杨靖等，2018）。2018年4月，国家林业和草原局（国家公园局）挂牌正式成立，负责监督管理国家公园、自然保护区、风景名胜区、海洋特别保护区、自然遗产、地质公园等自然保护地，这标志着我国以国家公园为主体的自然保护地体系制度建设大幅度推进。2019年6月，中共中央办公厅、国务院办公厅印发《关于建立以国家公园为主体的自然保护地体系的指导意见》，明确了建成中国特色的以国家公园为主体的自然保护地体系的总体目标，提出了三个阶段性目标任务，标志着我国自然保护地进入全面深化改革的新阶段。

2.3 我国自然保护地体系管理的逻辑与经验

2.3.1 我国自然保护地管理体系的两类治理逻辑

目前我国已有各部门设立的自然保护地保护区10余种，对其中最重要的国家级自然保护地进行梳理，综合来看可以依据设立目的和治理逻辑的不同分为以下两种类型。

一类是区域综合管理型，采取以区域统筹管理内部要素的思路。较为典型的是由住建部主导设立的国家级风景名胜区和由原环境保护部主导设立的国家级自然保护区。前者以人为本，从审美和游憩需求出发，对我国的自然和人文景观资源进行系统性、区域性的整体保护与综合利用；后者则是从自然生态系统功能的整体性与要素的耦合性出发，对具有重要生态功能的生态系统进行区域性整体保护。而对于海洋国土，则由原国家海洋局从海洋生态系统整体保护的角度切入，建立国家海洋特别保护区。

另一类是特殊要素管制型，采取以关键要素管控与专业性保护为出发点，对其要素的载体及其核心关联空间设立管制区域的思路：随着资源约束日趋收紧、生态环境破坏日益加重，各专业部门从要素专业性管理与核心区位重点保护的逻辑出发，设立专业类自然保护地，如原林业部针对森林和湿地设立的国家森林公园和国家湿地公园，原国土部门针对地质遗迹和矿山设立的国家地质公园与国家矿山公园，以及水利部针对重要水资源及周边景观设置的国家水源地保护区和国家水利风景名胜区。这些都反映了特殊要素管制型保护地整体采取了一种从关键要素切入逐渐拓展为区域保护的逻辑（表2.2）。

表2.2　我国主要国家级自然保护地管理体系

名称	内容要求	报批行政体系	主管部门	管理体系	资金来源	依据法规	直管强度
国家风景名胜区	自然景观、人文景观比较集中，环境优美；有14类	由省级政府申请，国务院建设主管部门会同各相关部门论证，报国务院批准	住房和城乡建设部	风景名胜区所在地县级以上地方人民政府设置的风景名胜区管理机构，负责统一管理；国务院建设主管部门负责全国风景名胜区的监督工作，各级政府建设主管部门和风景名胜区主管部门，也具有监督和管理权	地方政府出资为主，中央给予少量补助。风景名胜区的门票收入和风景名胜资源有偿使用费可作为补充资金	《风景名胜区条例》(2016年修订)	强
国家自然保护区	自然生态系统、珍稀濒危野生动植物物种、自然遗迹等保护对象	由所在地省级政府或者国务院有关自然保护区行政主管部门申请，国家级自然保护区评审委员会评审，国务院环境部门进行协调，报国务院批准	原环境保护部综合管理，其他分部门参与管理	综合管理与分部门管理相结合。国务院环保部门负责全国自然保护区的综合管理。国务院林业、农业、地质矿产、水利、海洋等部门在各自的职责范围内，主管有关的自然保护区（王蕾等，2013） 国家级自然保护区由所在地省级政府有关部门或国务院有关部门管理，县级以上地方人民政府负责具体管理机构设置	地方政府出资为主，有大规模中央专项资金	《中华人民共和国自然保护区条例》(2017年修订)	强
国家级海洋特别保护区	特殊地理条件、生态系统、生物与非生物资源	报原国家海洋局批准	原国家海洋局	原国家海洋局负责全国海洋特别保护区的监督管理，沿海省级政府海洋行政主管部门建设管理本行政区近岸海域国家级海洋特别保护区。原国家海洋局派出机构建设管理本海区领海以外的或者跨省级近岸海域的国家级海洋特别保护区 具体管理机构由所在地的县级以上人民政府建立	地方政府设立专项资金，中央给予专项资金补助	《海洋特别保护区管理办法》(2012年)	强
国家森林公园	景观优美，自然景观和人文景物集中	由省级林业主管部门提出书面申请，报林业部审批	原国家林业局	部门管理与属地管理相结合。原国家林业局主管全国国家级森林公园的监督管理工作，地方人民政府林业主管部门主管本行政区域内国家级森林公园的监督管理工作。在国有林场、集体林场等单位经营范围内建立森林公园的，应设立经营管理机构	地方政府出资为主，中央专项资金配合	《国家级森林公园管理办法》(2011年)	较强
国家水利风景区	岸地、岛屿、林草、建筑等具有吸引力的自然景观和人文景观	由所在市县人民政府提出申请，省级水行政主管部门或流域管理机构审核，由水利部批准公布	水利部	县级以上人民政府水行政主管部门和流域管理机构统一领导负责水利风景区的建设、管理和保护工作 规划由有关市县编制，经省级水行政主管部门或流域管理机构审核，报水利部审定	地方政府出资为主，中央基本不出资	《水利风景区管理办法》(2004年)	较强

续表

名称	内容要求	报批行政体系	主管部门	管理体系	资金来源	依据法规	直管强度
国家湿地公园	湿地景观为主体	国务院林业主管部门负责审批	原国家林业局	县级以上林业主管部门负责国家湿地公园的指导、监督和管理；设置湿地公园管理机构，制定总体规划和管理计划。省级以上林业主管部门负责国家湿地公园建设管理的指导和监督工作	地方政府出资为主，中央基本不出资	《国家湿地公园管理办法》（2018年）	弱
国家地质公园	国家级特殊地质；融合其他自然景观与人文景观；以地质遗迹为主	由国务院地质矿产行政主管部门或所在地省级政府提出申请，经国家级自然保护区评审委员评审后，由国务院环境部门审查，报国务院批准、公布	原国土资源部	独立存在的地质遗迹保护区，由所在地人民政府地质矿产行政主管部门管理；分布在其他自然保护区的地质遗迹保护区，由所在地质矿产行政主管部门在原自然保护区管理机构的协助下实施管理	地方政府出资为主，中央专项资金配合	《地质遗迹保护管理规定》（1995年）	弱

2.3.2 我国自然保护地管理体系的两重主要经验

2.3.2.1 部门管理与属地管理相结合

对我国重要的九类国家级自然保护地管理机制进行整理发现，大部分都采取了部门管理与属地管理相结合的模式。由县级以上人民政府的相关部门负责本辖区内自然保护地管理机构的组建及日常运营，而对于跨行政区的自然保护地，目前多采取相邻行政区联合管理或高层级区域型管理机构进行协调的方式，如国家水利风景区中的流域管理机构和国家海洋特别保护区中的海洋局派出机构，而中央部门在其中主要承担建区行政审批、规划审定与协调、监督检查等职能。在建设运营管理保护地的出资分配方面，也主要以地方政府承担绝大多数资金，同时旅游开发等收益也主要由地方享有（苏利阳等，2017）；而中央部门以下发专项资金或补贴的形式提供支持，资金支持力度与中央部门直接在保护地管理中涉入的强度呈正相关关系。以上国家级自然保护地的管理模式与条块结合的行政管理机制相适应，也契合我国中央政府权威大规模小、在管理中多采取中央决策地方执行的逻辑。因而，采取部门管理与属地管理相结合的模式，是我国自然保护地管理在长期实践中探索出的第一重经验。

2.3.2.2 区域综合管理

采取区域综合管理的逻辑并将多要素多部门统筹的过程适当上行，是建立中央部门在自然保护地管理中建立实质权威的关键。

按照自然保护地管理中部门与属地间事权组织方式的不同，可将自然保护地管理模式分为实质管理型和名义管理型。其中实质管理型指属于某个管理体系的遗产地管理机构全权负责对该遗产地的日常管理，而名义管理型只是该管理机构从某个方面按照某个管理体系的规则来强化管理（王蕾等，2013）。即实质管理型模式中来自部门管理的介入力量更强，其在属地对保护地的管理过程中具有实质权威，如国家级风景名胜区、国家自然保护区等就属于实质管理型；而名义管理型模式中各部门的介入力量弱，对属地管理无实质性的约束力，仅仅通过本部门内相关法规、规划、专项资金下达及其相关考评的手段从某一侧面对属地管理进行约束，如国家森林公园、国家湿地公园、国家水利风景区等均属于名义管理型。

将此分类与自然保护地设立目的和治理逻辑分类对比来看：以区域综合管理型逻辑设立的自然保护地多在发展实践过程中形成了部门具有实际权威的实质管理型，部门与属地管理的联系紧密，资金支持也相对较大，且中央部门在高层次已经建立了较好的多部门统筹与协调机制（如国家级自然保护区）。而以特殊要素管制型逻辑设立的自然保护地多在发展实践过程中形成了部门实际参与较弱的名义管理型，部门与属地管理的联系较为松散，从而容易出现管理中部门间外部性、地区间外部性等问题。因而，从保护地自然生态与人文景观系统性和完整性的角度出发，采取区域综合管理的逻辑，并将多要素多部门统筹的过程适当上行，是建立中央部门在保护地管理中建立实质权威的关键。这是我国自然保护地管理在长期实践中探索出的第二重经验。

2.4 我国自然保护地管理体系存在的主要问题

我国的自然保护地管理体系在长期的探索实践中也暴露出一些问题，需要在未来的改革探索中引起警惕，最主要的可以归结为以下几方面问题。

2.4.1 多头管理与重叠管制造成的部门外部性

从上述的梳理可见，自1956年建立自然保护区、1982年建立风景名胜区制度以来，各部门近年来出于不同管制逻辑与保护需求相继建立了各种类型的自然保护地，而这些保护地是彼此不排他的。这将首先导致管理空间叠置问题，即保护地“一地多牌”的现象。据相关统计资料显示，在我国第一批公布的44个国家级重点风景名胜区中，同时为国家森林公园的占一半以上，同时为国家地质公园与世界自然文化遗产的保护地也不在少数。国家级自然保护地的空间重叠问题比省市县级更加严重，涉及数量较多的类型依次为风景名胜区、自然保护区、森林公园、水利风景区和湿地公园。其中，自然保护区和森林公园之间、森林公园和风景名胜区之间的重叠问题最为严重，其次为水利风景区和湿地公园之间、自然保护区和风景名胜区之间，最后为地质公园和风景名胜区之间、水利风景区和风景名胜区之间（马童慧等，2019）。相关研究认为，保护目标的不统一与兼顾失衡(唐小平等，2017；彭杨靖等，2018)，是造成同一地理空间的生态保护对象不同组成部分叠加保护的根本原因。各部门基于自身职能范围，依据单一要素，针对不同保护对象设置了不同类型的自然保护地，而自然生态系统是多要素耦合形成的整体性空间，因而多头设立的逻辑必然造成自然保护地在空间上的重叠设置（图2.1、图2.2）。

	国家级海洋特别保护区	国家级森林公园	国家级湿地公园	国家级地质公园	国家级风景名胜区	国家级自然保护区
陆域自然生态系统		●				●
水域自然生态系统			●			●
海洋自然生态系统	●					●
野生生物						●
地质遗迹				●	●	●
自然与人文风景	●		●		●	

图2.1　重要自然保护地类型与资源类型的对应关系

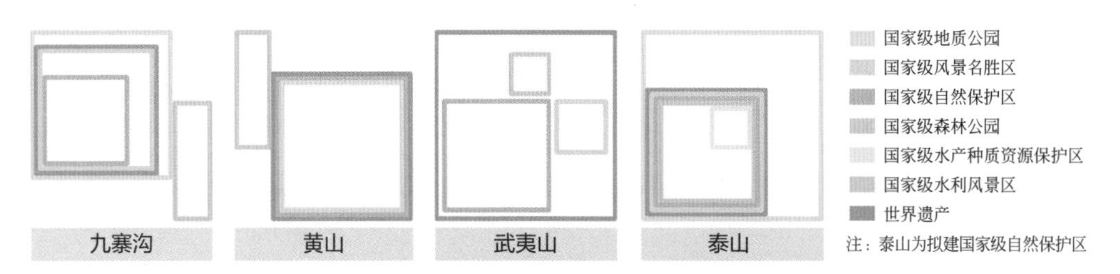

图2.2　“一地多牌”导致自然保护地多重边界交错缠绕

管理空间叠置将进一步带来管理职能交叠的问题，同一保护地的多个主管部门从自身部门专业化管控逻辑与重点关注内容出发，编制各自的规划并以科层制保护任务或戴帽专项资金的形式下达。对重叠保护地的原管理部门进行统计，结果显示：原林业部管辖的保护地与其他保护地交叉管理的情况最多，其次为住建部和水利部（马童慧等，2019）。“多头管理、九龙治水”的情形给自然保护地的实际管理增加了困难。若各部门强化单部门的管制约束并在实际管制中以强参与的形式介入，则会出现“完整的生态系统根据部门职能被要素化分割”的情形，降低了地方统筹保护、整体优化与灵活变通的裁量空间；若各部门弱化单部门的管制约束，则会由保护区的属地政府进行要素统筹与各类管制规划的变通调整，而各部门仅以名义管理的形式参与其中，不利于保护地管制政策的有效落实。

具体而言，自然保护地管理空间叠置与权责不清导致的问题包括以下几点。

① 自然保护地破碎化严重。由于我国自然资源分属不同的部门管理，因此岸上岸下、山上山下各管一段的情况十分普遍，造成保护地碎片化、孤岛化的问题十分严重。

② 管理目标边界模糊。我国目前的自然保护地主要依据保护对象进行分类，虽然各类自然保护地法规条例对保护对象、管控侧重点、管制规则有着较为明确的规定，但在实际执行过程中，各类保护地往往定位模糊，未能进行针对性管理，风景名胜区等被作为地方旅游开发重点的情况频频出现。

③ 机构重叠责任不清。保护地“一地多牌”的现象在实际中出现各部门权责边界交错缠绕、管理目标无法兼顾、职责不明、管理政策混乱的情况（唐小平等，2018）。

2.4.2 属地管理架空部门管制造成的区域外部性

我国自然保护地多采取部门管理与属地管理相结合的模式，但在实际运行中往往演变为属地管理对部门管制权限的袭夺与架空。原因有以下三点。

① 自然保护地管理中的“九龙治水”现象导致部门管理职能混乱、法规与规划相矛盾，各项专项管制措施无法有效落实，多数部门最终仅保留名义管理权威。

② 我国的自然保护地管理中综合决策经营与资源专项业务管理的权限按纵横两条线的方式分置，导致实际运作过程中二者均无完整职权，在行使职权的过程中相互掣肘。现实中具有更大在地化优势的属地方的综合决策经营部门往往袭夺资源专项业务管理部门的部分权限，出现职能越位的现象（陈娜，2016）。

③ 由于当前的自然保护地治理中，央地政府间实际分担的事权和财权与自然保护地的公益性和保障性定位不匹配。地方政府往往承担了自然保护地治理中绝大多数的资金支出与实际管理事权，其中部分为地方政府参与激励性低的、保护效益在全国范围内具有外部性的本属于中央政府职责范围内的事务。故而作为属地的地方政府有较强的意愿挣脱中央政府自上而下落实的部门管制任务，更多地从自身权益的角度出发进行保护地资源的开发利用，以弥补财政支出分割的不平等性。

基于以上三种原因，我国的自然保护地管理虽然整体采取部门管理与属地管理相结合的模式，但在实际运作中往往以属地管理为主，这就造成了区域间的外部性。作为自然保护地管理实施者的地方政府出于“地方保护主义”，更为关注各自行政区内的小型保护地，而对更广阔的跨区域自然生态系统或文化景观的关联性与整体性把握不足，从而导致自然保护地管理中条块割裂严重。

2.4.3 长期自主申报制度导致自然保护地空缺问题严重

我国自然保护地长期实行“自下而上”的自主申报制度。所有自然保护地都是在基于地方自愿申报的基础上设立的，缺乏在国家层面上对自然保护地整体空间布局和系统规划的顶层设计，导致目前自然保护地空缺的问题较为严重。由于各地方、各部门对保护地功能属性、自然属性的定位、理解与侧重各不相同，因而难以形成科学化和标准化的保护地准入、准出评估机制，使许多应该保护的地方还没有纳入保护体系，如只有27%的国家重点生态功能区被纳入各类自然保护地的保护范围（刘超，2019）。同时，目前有关自然保护地的空间数据信息分布不均匀，部分偏远地区的自然保护地数据基础较弱，影响了自然保护地设定和布局的科学性（王奕文等，2019）。

2.4.4 抢救式保护导致划界不严谨、历史遗留问题较多

我国大部分的自然保护地建立于1980年之后，建立保护地时多出于抢救性保护资源的目的，单方面注重保护地数量和面积的扩张。划建保护地时，前期调研不充分，系统性布局与顶层设计不足，对建设管理因素考虑较少，使保护地在最初划界时的科学与严谨性不足。有的保护地四至范围过大，与地方经济社会发展需求严重冲突；有的自然保护地批建时仅是一纸空文，甚至连边界范围也未划定（唐芳林，2010）。

自然保护地初次划界时的科学性与严谨性不足导致了许多历史遗留问题。许多自然保护地的边界内部尚存在大量村镇、基本农田、工矿产业用地等，给保护带来了实际困难。尤其是在我国自然保护地体系中占据主体地位的自然保护区大多处于老少边穷地区，经济发展、生态保护、脱贫攻坚任务繁重，保护地划界不合理与四至过大问题更易与地方社会经济发展的需求产生尖锐矛盾。

2.4.5 权属不明、产权制度不健全影响自然保护地管制效力

与保护地划界不严谨、四至过大问题相伴而生的是保护地自然资源资产权属不清、产权制度不健全的问题。在初次划建保护地时，许多“家底不清”的土地被划入自然保护地，这些地带的土地产权与自然资源经营开发权属情况较为复杂，有的保护地划建时占用农民集体土地或山林但尚未办理征地手续。边界问题和产权问题导致的一系列纠纷为保护地的管理带来了实际困难（唐芳林，2010）。自然保护地的产权制度不健全、土地权属不清晰，也直接影响到了当前自然资源资产的确权登记，导致保护地管理主体的统一分级管理进程受阻，保护地管理效力受到限制。陆康英（2018）将我国现行自然保护地的土地权属类型及存在的问题归纳为下表中的3大类和7小类（表2.3）。

表2.3　我国现行自然保护地土地权属类型及存在的问题

土地所有权	土地使用权	管理现状
国家所有	保护地	管理有效性高
	集体或个人	管理受阻
	保护地其他保护地共有	管理受阻
集体所有	保护地	管理有效性高
	集体或个人	管理受阻
	保护地其他保护地共有	管理受阻
所有权不清	使用权不清	管理阻力大

在各类自然保护地中，虽然“国有土地及其附属的自然资源占主导地位，但在东、中部自然保护区中的集体土地、林地也占相当比重”（马永欢等，2019），见表2.4。马永欢等（2019）对《建立国家公园体制试点方案》通过的9个试点区的土地权属情况进行调研，发现集体土地所占比重仍较大。钱江源试点区、武夷山试点区和南山试点区的集体土地所占比重均超过50%；而主要境外国家的国家公园土地权属中，国有产权均占据主导地位。如美国国家公园的土地由联邦政府直接掌握产权并委托给内政部国家公园管理局管理；日本国家公园的国有地占比60.2%。美国和日本的大部分国有土地归林业局国有林场所有，归自然保护局管理。

表2.4　我国国家公园试点土地权属情况

试点公园	总面积/km^2	国有土地面积比例/%	集体土地面积比例/%	林地面积比例/%
北京长城	59.91	50.61	49.39	91.13
东北虎豹	14612			
钱江源	252	20.4	79.6	20.4
武夷山	982.59	28.74	71.26	87.86
神农架	1170	85.8	14.2	90
南山	635.94	41.5	58.5	78.3
大熊猫	27134			89.73
三江源	123100	100	0	87.86
普达措	300	78.1	21.9	

第3章 国内外自然保护地布局优化与空间管制进展概述

3.1 自然保护地的空间布局优化

3.1.1 生态热点地区和保护优先性评价

随着我国生态文明体制改革的不断推进、自然保护地的数量和面积不断增长，在自然保护地体系建设中开发与保护的矛盾也愈加尖锐。庞大的保护地网络意味着巨大的投入，带来保护与发展间矛盾的加深，尤其给一些发展中国家带来沉重的经济负担，但保护不足又无法有效遏制生物多样性丧失。识别最需要保护的、生态功能最为重要和最为敏感的生态热点地区，以最小的代价获得更好的保护效果，是自然保护地体系构建中的一个重要课题。

根据《关于划定并严守生态保护红线的若干意见》与《自然生态空间用途管制办法（试行)》两份文件："自然生态空间指具有自然属性、以提供生态产品或生态服务为主导功能的国土空间，涵盖需要保护和合理利用的森林、草原、湿地、河流、湖泊、滩涂、岸线、海洋、荒地、荒漠、戈壁、冰川、高山冻原、无居民海岛等。"目前对于生态保护热点地区的界定和识别，相关研究领域存在着一定分歧：一部分学者认为应基于要素视角对生态空间进行界定，包括耕地、林地、草地、湿地等图斑，以及河流水系等线状要素（符蓉等，2014)；另一部分学者认为应该基于生态功能来定义生态保护地，凡是对生态系统和生物多样性保护具有重要意义的土地都应该纳入生态保护地范围（Liu等，2015)；还有学者认为应从土地主体功能的角度来定义生态用地、生产用地以及生活用地这三类空间（McDonald and Boucher，2011）。但总体而言，大多数学者认为应从“功能”的视角来识别和明确生态保护的热点地区（杨岚杰，2017）。

从“功能”视角出发，当前生态热点地区识别和保护优先性评估主要采取栅格评价的思路。评价使用的要素涉及濒危物种、生物多样性、生境及生态系统等多个层次，评价侧重于保护对象的代表性、特有性、稀有性、功能性、国际公认度等，评价标准则主要关注保护对象的不可替代性和脆弱性特征。

最为具体的是基于濒危物种和生物多样性的保护热点地区识别，Myers（1988）在对全球热带雨林的研究中，首次提出了热点地区的概念，选取了原始森林面积的减少程度、物种以及特有种的丰富程度为主要评价标准，在全球范围内确定了25个生物多样性热点区域，面积仅占地球陆地面积的1.4%，却拥有全球44%的维管植物物种和35%的脊椎动物（指兽类、鸟类、爬行类、两栖类）物种。Mittermeier等（1997）提出“生物多样性特别丰富的国家”，以物种在科、属、种分类水平上的特有性为评价标准，确定了17个生物多样性特别丰富的国家，这些国家的物种多样性水平占全世界的60%～70%。

基于生态系统或生境类型的综合分析则采取更为系统综合的视角。1998年，由世界自然基金会发起的“全球200”全球生物多样性优先保护区域清单发布，其基于物种丰富度、特有种情况、生态系统和生物进化的独特性、栖息地的珍惜性等因素，依据主要生境类型将全球生物多样性保护优先区域划分为238个生态区，同时将陆域生态区的保护程度分为三个类别：关键/濒危、易危、相对稳定或未受破坏。2010年，国务院发布实施《中国生物多样性保护战略与行动计划》（2011—2030年），确定了我国生物多样性保护的优先区和关键区，主要通过综合考虑生态系统类型的代表性、特有程度、物种丰富程度和特殊生态功能，以及物种的珍稀濒危程度、受威胁因素、地区代表性、经济用途、科学研究价值、分布数据的可获得性等因素，提取了中国32个内陆陆地及水域生物多样性保护优先区域和3个海洋及海岸生物多样性保护优先区（薛达元，2011）。

除了对保护对象重要性的关注，对生态热点地区与保护优先性的评估也充分考虑了人类活动干扰的影响。众多研究都将建设适宜性、管理可行性、人类干扰程度等纳入了评价与遴选的指标体系范围。Margules和Pressey（2000）提出生态热点地区系统保护规划方法，将保护目标、保护成本量化，选取代表性指标，通过模拟运算模型计算，获得空间明晰的生物多样性保护体系。该方法在确定保护优先区域时不仅考虑保护对象的自然属性和生物学指标，还需要考虑保护体系连通性、人为干扰因素、边界长度和保护所需要投入的经济社会成本，以使有限的保护资源在目标区域内合理配置。王梦君等（2017）参照解焱等研究的中国生物地理区划和全国主体功能区规划中的国家重点生态功能区，从资源禀赋、建设适宜性、管理可行性三个方面对国家公园进行评估遴选。周睿等（2016）将IUCN国家公园遴选条件归纳为面积适宜性、资源代表性、人类影响度和功能全面性，并以此为标准筛选出了55处面积不小于1000ha的国家级自然保护区作为中国国家公园备选对象，其中人类影响度评价采用人类足迹指数数据集。

3.1.2 自然保护地布局优化思路

自然保护地布局优化的基本评价思路是基于矢量提取与叠加综合分析，以保证较高的空间分辨率与保护地政策边界的清晰有效。

各项研究普遍以自然地理单元作为自然保护地布局优化的基础，叠加植被、气候、土壤、动物区划等形成综合自然地理区划，作为自然保护地空间布局的初始边界参照。如加拿大国家公园管理部门在遴选国家公园时，根据自然地理、植被类型、地貌特征、气候特征和动物谱系等区域特征，先把全国划分成39个陆地自然区域，而后在每一个自然区域中确立一定数量的自然小区（NACS，具有加拿大国家级重要性程度的自然小区），最后在这些自然小区中遴选国家公园，要求39个自然地域至少要设立一处具有地域和生态代表性的国家公园（王梦君等，2017）。欧阳志云等（2014）基于生态区划、自然地理区划、植被区划等，将中国划分为35个生态地理单元，在此基础上筛选出优先保护的生态系统和物种保护关键区域，最后选取其中具有代表性的自然景观区域作为国家公园候选区。苏珊等（2019）以北京长城国家公园体制试点区为例，分别从“生态本底”“资源特征”和“人类干扰”三方面选取要素指标，对国家公园的自然资源保护重要性进行了指标评价，为管制分区的边界划定提供了指导；研究将“林小斑”作为基本分区单元，叠加生态本底特征划分了7个自然资源调查与管理的基本区划单位，并进一步根据各区域具体资源问题和保护需求细分了17种自然资源保护区域。郭子良等（2016）以地貌区划、土壤单元、气候单元、植被区划和自然保护区等空间分布数据为基础，采用叠加分析、TWINSPAN分类、保护空缺分析等方法，开展了自然保护综合地理区划，在分析我国自然保护地现状格局和当前各地理单元保护空缺的基础上，提出了自然保护地体系的优化布局方案。其采用的一级区划单元以明显的气候差异和地质构造运动为基础；二级区划单元以山脉、高原、盆地等为分区基础，并参考高程、坡度和地形起伏度分析等确定分区边界；三级区划单元利用较明显的天然标识作为各地貌单元的边界，并进行人工聚类划分各级地貌单元。TWINSPAN方法进行数量分类的基础指标由气候、土壤、植物、动物和植被等五方面组成，这些指标的属性信息分别依据各专项区划方案中的斑块属性信息确定。

不同于自然生态空间与生态红线的管制（更倾向于要素型管制），自然保护地空间管制属于针对特殊区域的统筹型整体性治理，因而更为强调保护地布局优化与后期管理工作的协调性。基于自然本底进行综合评价的图层较为破碎，且难以与保护地管理工作进行有效衔接，因而仍需结合保护地空间管制与人类开发建设活动的具体情况进行聚合与调整。如董茜等（2016）在初始叠加图层的基础上，根据较为明显的地理标志（如山脊线、山谷线和道路等）对边界进行融合和调整，同时综合考虑了自然保护地土地利用状况和兼顾地方经济发展等因素，将保护地初步划分图与当地土地利用规划图及重大项目规划图进行等权叠加，将农用地、矿产及重大项目等用地排除在自然保护地初步范围之外，并按照地形因素和行政区划对保护地边界进行微调。胡金明等（2018）在云南省动植物保护优先县研究的基础上，利用植被类型、地形地貌、土地利用类型等相关环境信息，识别并剔除受人类活动干扰强度高的空间单元，在剩下的空间单元中遴选设置优先保护生境的候选区，如人类活动干扰强度高的植被类型和土地利用类型空间单元，坡度25°以下（云南省退耕还林还草的临界坡度）、面积为10km^2以内的斑块（面积小的斑块易受人类活动影响而被同质化）均被剔除。其中人为压力指数选取了城镇化率、人口密度、人均GDP、道路密度、农民人均收入和耕地比率6个指标综合加权计算。

3.2 自然保护地的分区分类

3.2.1 国外自然保护地分区分类系统

世界上几乎所有国家或地区都会形成由不同类型保护地组成的自然保护地体系（表3.1）。唐小平等（2018）归纳了世界主要国家的自然保护地分类体系，主要按照保护对象与管理目标差异、资源利用强度与管理管制措施分异、管理体制与管理形式不同等三类方式对自然保护地进行分类，且除了授牌或认证形式的命名（如世界自然文化遗产地、国际重要湿地、生物圈保护区）外，自然保护地之间无交叉重叠或一地多牌现象。

解析三类主要分类思路：保护对象的不同将影响保护地的主导功能与针对性措施，从而使管理目标存在差异；资源利用强度的不同直接对应保护地管制强度的级别不同，相应产生按管制措施的严格程度产生的分类体系。按保护目标分类与按管制措施（强度）分类往往具有内在的联动性与逻辑一致性，不同类别的保护对象和保护地主导功能需要配合以不同强度的管制措施。管理体制与管理形式分异是当前我国自然保护地分类系统中较少考虑的因素。自然保护地体系的建设作为一种针对特殊区域的系统治理探索，其内嵌于国土空间治理体系的整体中，分类系统也需充分考虑我国国土空间治理逻辑与既有自然保护地管理体制的现实基础。就国际经验而言，自然保护地的管理模式均与各国的行政体系和公共事务管理体制特征密切相关。

表3.1　主要国家自然保护地分类体系

国家	分类依据	类别名称	总类别
美国	管理形式	国家公园、国家森林系统、国家荒野保护系统、野生生物庇护区系统、国家景观保护系统、美国海洋保护区系统、国家原野及风景河流系统、国家步道系统	8
加拿大	管理目标	国家公园、野生生物保护区、国家候鸟庇护所	3
俄罗斯	管理目标	自然保护区、国家公园、自然庇护所、其他特殊功能保护区	4
巴西	管理措施	严格保护地类包括:生态站、野生生物保护区、国家公园、自然遗产地、野生动物庇护所 可持续利用保护地类包括：环境保护区、特殊生态价值区、国家森林和采掘保护区、动物保护区、可持续利用保护区、自然遗产个人保护区 管理措施保护地类包括：环境保护区、特殊生态价值区、国家森林、采掘保护区、动物保护区、可持续利用保护区、自然遗产个人保护区	18
日本	管理目标	自然公园体系、自然环境保全区、森林生态系统保护区、野生动物保护区	4
德国	管理目标	自然保护区、国家公园、景观保护区	3
南非	管理措施	特别自然保护区、国家公园、自然保护区(包括荒野地)、保护的环境区、世界遗产地、海洋保护区、湿地保护区、特别保护森林区、森林自然保护区、林荒野地和高山盆地区(山脉集水区)	11
澳大利亚	管理目标	严格意义保护区、荒野地、国家公园、自然纪念物保护区、生境/物种管理区、陆地/海洋景观保护区、自然管理保护区	7
肯尼亚	管理目标	国家公园、自然保护区、自然保留地、森林保护地、自然遗产地、狩猎保留地、海洋公园、海洋保留地	8

在自然保护地分类系统的研究中，IUCN保护地管理分类是被世界各国广泛认同并普遍参考的国际标准。世界各国的保护地体系往往由于管理部门、管理分工、责任以及土地权属的不同而呈现各异的构成方式，而IUCN保护地分类标准则能对这些问题进行有效规避。该分类重点着眼于保护地的管理目标，有助于各国之间求同存异地交流自然保护地管理经验。基于管理目标，IUCN将自然保护地划分为6类（表3.2）。同时IUCN还制定了以下一系列分类判定标准：

① 是否有法律等有效手段的保护；

② 保护地中是否有较原始的自然生态系统或特定的自然文化特征；

③ 是否允许对保护地的天然产品进行可持续利用并满足当地居民的需要；

④ 是否需要对栖息地进行人为干预；

⑤ 是否将对参观者的管理作为主要目标（吴承照等，2017）。

表3.2 IUCN自然保护地管理类别

类别代码	类别名称	主要目标
类别Ⅰa	严格自然保护区	主要用于科研的保护地
类别Ⅰb	原野保护区	主要用于保护自然荒野面貌的保护地
类别Ⅱ	国家公园	主要用于生态系统保护及娱乐活动的保护地
类别Ⅲ	自然遗迹保护区	主要用于保护独特的自然特性的保护地
类别Ⅳ	栖息地、物种管理区	主要用于通过积极干预进行保护的保护地
类别Ⅴ	陆地、海洋景观保护区	主要用于陆地、海洋景观保护及娱乐的保护地
类别Ⅵ	自然资源可持续利用区	主要用于自然生态系统持续性利用的保护地

许多国家均参照IUCN分类系统对本国的自然保护地系统进行了对应分类或调整。如加拿大根据IUCN的管理目标分类标准，确定了与IUCN分类系统对应的本国保护地管理分类系统，其绝大部分保护地都已依此进行了类型划分（吴承照等，2017）。美国的各类保护地能够全面地体现IUCN分类系统的保护地类别，根据保护目标，美国主要的保护地类型可与IUCN保护地类型之间做对应划分（梁诗捷，2008）。另外，一些国家还将此分类系统纳入国家法规之中。

分区管制方式是世界各国自然保护地在内部空间管理中常常使用的核心手段（见表3.3）。考察世界主要国家公园管制分区方式，其主导思想是根据人类活动与生物圈保护之间的关系进行功能分区。为缓和生态保护与资源开发利用之间的冲突，人与生物圈保护区体系开创了“三区法”（夏友照等，2011），按主导功能与管制目标重要性确定保护的级别，同时考察当地社区涉入深度与开发利用情况。各类保护区基本都可以分为三个圈层，核心保护圈层、过渡圈层、合理开发利用与人类生产生活圈层。

① 核心区：严格保护，可开展科学研究、观察监测以及其他低影响活动。

② 缓冲区：可开展环境教育、生态旅游等生态友好的活动。

③ 过渡区：用于当地社区、管理机构、开发经营者以及其他利益相关者的农业生产、居住生活、商业经营或其他相关活动（夏友照等，2011）。

三个圈层面积之间的比例关系直接反映了不同自然保护地的特征，也受保护地的主导功能类型不同和管制强度不同的影响。

表3.3 世界主要国家的国家公园管制分区方式

	美国	英国	日本	加拿大
分区方式	高密度游憩区	特别保护区	特殊保护区	特别保护区
	一般户外游憩区	社区特殊保护区	Ⅰ级特别区	荒野区
	自然环境区	生物基因保护区	Ⅱ级特别区	自然环境区

续表

	美国	英国	日本	加拿大
分区方式	特殊自然区	示范保护区	Ⅲ级特别区	户外游憩区
	原始区	—	海洋公园区	公园服务区
	历史文化遗址区	—	普通区	—

自然保护地的管制分区模式和各类分区的面积占比往往与其类型和管理目标密切相关。庄优波（2018）在IUCN保护地分类框架下，根据《保护地管理类型应用指南》，对各类型保护地的保护对象、管理措施进行空间量化，从而搭建起不同性质管制分区面积占比与保护地类型之间的对应关系，为保护地内部空间管制分区的定量化研究与科学的布局调整提供了重要参考（图3.1）。

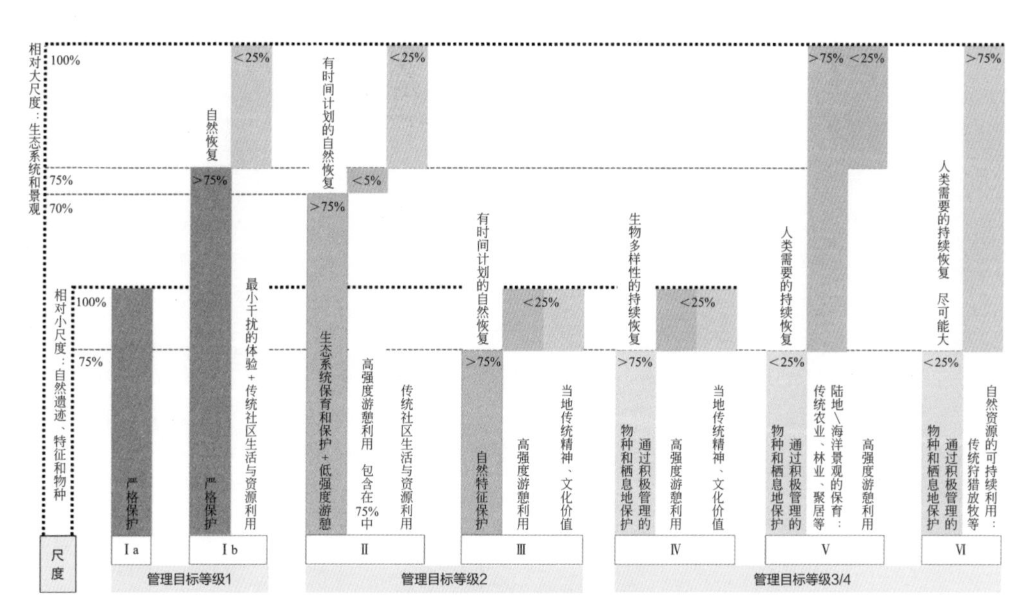

图3.1　自然保护地分类管理措施空间量化示意

3.2.2　我国自然保护地分区分类系统

3.2.2.1　我国当前主要自然保护地的分类体系

自然保护区、风景名胜区、海洋特别保护区和水利风景区在相关法规条例中有明确的分类标准；森林公园、湿地公园、地质公园和国家公园的分类体系则在学术上有过相关探讨；沙漠公园和水产种质资源保护区的分类体系研究则处于空缺状态（彭杨靖等，2018），见表3.4。

表3.4　我国具有明确分类体系的四类保护地

保护地类型	分区分类依据	分类体系	备注
自然保护区❶	按主要保护对象划分	含3个类别、9个类型。自然生态系统类包括森林、草原与草甸、荒漠、内陆湿地和水域、海洋和海岸带生态系统5个类型；野生生物类包括野生动物和野生植物2个类型；自然遗迹类包括地质遗迹和古生物遗迹2个类型	—
风景名胜区❷	按主要特征划分	历史圣地类、山岳类、岩洞类、江河类、湖泊类、海滨海岛类、特殊地貌类、城市风景类、生物景观类、壁画石窟类、纪念地类、陵寝类、民俗风情类和其他类	其中历史圣地类、城市风景类、壁画石窟类、纪念地类、陵寝类、民俗风情类以人文景观为主；山岳类、岩洞类、江河类、湖泊类、海滨海岛类、特殊地貌类、生物景观类以自然景观为主
海洋特别保护区❸	按主要保护对象划分	分为海洋特殊地理条件保护区、海洋生态保护区、海洋公园、海洋资源保护区等4个类型	其中海洋特殊地理条件保护区是在具有重要海洋权益价值、特殊海洋水文动力条件的海域和海岛建立;海洋生态保护区在珍稀濒危物种自然分布区、典型生态系统集中分布区及其他生态敏感脆弱区或生态修复区建立;海洋公园在特殊海洋生态景观、历史文化遗迹、独特地质地貌景观及其周边海域建立;海洋资源保护区在重要海洋生物资源、矿产资源、油气资源及海洋能等资源开发预留区域、海洋生态产业区及各类海洋资源开发协调区建立
水利风景区❹	按主要特征划分	分为水库型、湿地型、自然河湖型、城市河湖型、灌区型和水土保持型6种类型	其中水库型、湿地型、自然河湖型3种属于自然景观

其中，自然保护区、海洋特别保护区的分类体系按照保护对象设立；风景名胜区、水利风景区的分类体系按照自然或景观特征设立。相关研究中通常也根据上述标准进行分类，但目前针对自然保护地的主导功能或管理目标进行分类的研究较少（彭杨靖等，2018）。我国当前的自然保护地分类系统与IUCN管理分类之间没有比较统一的对应关系，国内学者也曾探讨过如何将我国的自然保护地类型与IUCN的分类系统进行对接。例如吴承照等（2017）参考IUCN的分类体系，以管理目标为基础，制定了相应的分类划定标准（是否有明确的法律提供保护，是否以大面积的生态系统和生态过程为主要管理目标，是否以保护人工环境为主要管理目标，是否有对资源的可持续利用等），将我国自然保护地划分为4类，并与IUCN的类别相对应。庄优波（2018）充分考虑了我国的资源特征和保护管理需求，基于IUCN分类管理体系提出新的自然保护地分类方案，建议增加以自然和文

❶ 依据《自然保护区类型与级别划分原则》(GB/T 14529—93)。
❷ 依据《风景名胜区分类标准》(CJJ/T 121—2008)。
❸ 依据《海洋特别保护区管理办法》。
❹ 依据《水利风景区规划编制导则》(SL 471—2010)。

化协同保护为首要目标的管理分类；并从管制分区面积占比的角度，建议在自然保护地分类中细分"保护和游憩强度"组合梯度；同时，建议从类型上增加"首要保护"和"社区利益"面积各占一半的模式，反映更多样化的保护管理需求。

当前，在建立以国家公园为主体的自然保护地体系的背景下，如何使我国新型的保护地分类体系更好地与国际接轨，以满足与国际自然保护体系对接并积极参与全球自然保护和生态治理的需要，仍然是一个值得探讨的课题。

3.2.2.2 我国当前主要自然保护地的功能分区及管理要求

自然保护区的保护强度最高，分为核心区、缓冲区和实验区三类，其中核心区、缓冲区禁止建设，实验区禁止进入。风景名胜区的保护强度其次，分为核心景区和其他景区两种类别，其中核心景区禁止建设。国家地质公园分为地质遗迹保护区（特级、一级、二级、三级）、游客服务区、科普教育区、自然生态区、游览区、公园管理区、居民点保留区等几种类别，其中地质遗迹特级保护区禁入禁建。森林公园分为生态保育区、核心景观区、一般游憩区、管理服务区等几种类型，无明确的禁入禁建要求。湿地公园分为湿地保育区、恢复重建区、宣教展示区、合理利用区、管理服务区等几种类型，其中湿地保育区内可设置禁入区和禁建区。海洋特别保护区分为重点保护区、生态与资源恢复区、适度利用区等几种类型，无明确的禁入禁建要求。

张丽荣等（2019）梳理了我国主要类型自然保护地现有功能分区的管制级别分级矩阵图（图3.2），同时将其与IUCN分类中不同管制强度与管理目标的自然保护地类型进行了对应（见表3.5）。吴婧洋等（2018）综合考察了自然保护地的主导功能、要素统筹保护级别、当地社区的涉入深度和开发利用情况，提出了我国国家公园管理的分区方案，分为原生保护区（即核心区和无人区）、科研观测区、一般保护区、一般游憩区、管理服务区，并与我国现行各类自然保护地的管理分区

土地开发限制分级程度	自然保护地功能区土地功能限定	自然保护区	风景名胜区	森林公园	湿地公园	地质公园
G1（高）	严格保护，禁止人类活动	核心区	—	—	—	特级保护区
G2（较高）	科研观测人员可以进入，禁止其他活动	缓冲区	—	生态保育区	湿地保育区	一级保护区
G3（中等）	科研考察、旅游、物种驯化，禁止产业项目开发	实验区	核心景区	核心景观区	恢复重建区 宣教展示区	二级保护区
G4（较低）	旅游接待、游客服务、旅游基础设施建设	—	其他景区	一般游憩区	合理利用区	三级保护区
G5（低）	与周边社区衔接，旅游管理服务附属及配套产业工程建设	—		管理服务区	管理服务区	—

图3.2 主要类型自然保护地土地功能限定分级矩阵图

（G为土地开发限制等级，数字越小表示土地开发限制程度越高）

做了对照。夏友照等（2011）对保护地涉及的主要活动及其干扰程度和功能进行了总结，提出了我国自然保护地“5+1”的功能分区方案，即封闭区、控制区、旅游区、资源利用区、高强度使用区、外围缓冲区（可选）。同时，研究提出应将功能分区与管理类别结合使用，对不同类别自然保护地中各类功能分区面积的限制条件提出了建议，这种将功能分区比例与保护地管理类别严格对应的模式，为我国自然保护地内部空间管制的科学化与定量化提供了新的思路。

表3.5　我国主要类型自然保护地功能与IUCN分类系统的关系

我国主要类型自然保护地功能及目标			IUCN保护区分类系统					
			严格保护区Ⅰ	国家公园Ⅱ	自然遗迹保护区Ⅲ	栖息地、物种管理区Ⅳ	陆地、海洋景观保护区Ⅴ	自然资源持续利用保护区Ⅵ
自然保护区	特殊保护和管理有代表性的自然生态系统、珍稀濒危野生动植物物种的天然集中分布区、有特殊意义的自然遗迹等保护对象所在的陆地、陆地水体或海域		√	√	√	√	√	√
	核心区	严格保护，禁止进入	√					
	缓冲区	严格保护，可以开展科研观测活动	√	√	√			
	实验区	可以进入，科研教学、考察旅游、物种驯化		√	√	√	√	√
风景名胜区	自然景观、人文景观比较集中，环境优美，可供人们游览或者进行科学、文化活动			√	√	√	√	√
	核心景区	禁止与保护无关的建设产业活动		√	√	√	√	
森林公园	森林景观优美，可供休憩游览、科学文教活动			√		√	√	√
	珍贵景物、重要景点和核心景区	禁止产业设施和工程建设		√		√	√	
湿地公园	保护湿地生态系统、合理利用湿地资源、宣教和科学研究			√		√	√	√
	湿地保育区	保护、监测		√				
	恢复重建区	培育和恢复湿地				√		
	宣教展示区	生态展示、科普教育		√				
	合理利用区	生态旅游		√			√	√
	管理服务区	管理、接待和服务		√			√	√
地质公园	保护地址遗迹，参观、科研、适当开展旅游			√	√		√	√
	一级保护区	非批准不得入内，可参观、科研或国际间交往			√			
	二级保护区	科研教学、交流旅游		√	√		√	√
	三级保护区	旅游					√	√

第4章

规划实践项目概况

4.1 江山市基本情况

4.1.1 行政区划

江山市位于浙江省西南部，地处浙江、福建、江西三省交界，位于钱塘江上游，东毗遂昌县，南邻福建浦城县，西接江西玉山县和广丰区，北连衢州市柯城、衢江区和常山县，素有“东南锁钥、八闽咽喉”之称。

江山市区域面积约为2019km^2，下辖11镇、5乡、3街道、292个行政村和13个社区。截至2018年末，全市年末户籍人口为61.64万人，其中，男性人口31.59万人，女性人口30.05万人，分别占总人口的51.25%和48.75%。江山市常住民族以汉族为主，还有畲族、回族、苗族、壮族、白族、满族、布依族、蒙古族、高山族等少数民族。

江山市乡镇、街道分布情况见表4.1。

表4.1 江山市乡镇、街道一览表

乡镇街道	数量		村、社区名称
	村	社区	
双塔街道	23	5	村：天余村、新塘坞村、丰足村、莲塘村、灵泉村、坳里村、和贤村、郑村村、赵家村、塔东村、缸甫底村、五家山村、上耀村、黄家村、陈村村、召石村、金家村、路垄村、社后村、杨敦村、迎宾村、陶村村、大夫第村
			社区：县前社区、周家青社区、民声社区、城北社区、乌木山社区

续表

乡镇街道	数量		村、社区名称
	村	社区	
虎山街道	14	8	村：溪东村、孝子村、平棋村、达道村、何家山村、江山底村、店前村、彭里村、金坞村、麻车村、荷塘村、协里村、双龙村、桑淤村 社区：市心社区、东门社区、安泰社区、南门社区、西门社区、江东社区、城南社区、桐岭社区
清湖街道	26	—	清湖一村、清湖二村、清湖三村、路陈村、蔡家山村、新塘底村、路口村、童家村、七斗村、蔡家村、毛塘村、浮桥头村、祝家坂村、泉家垄村、乐意村、九村村、十村村、贺周村、和睦村、华夏村、贺仓村、读溪口村、东儒村、花园岗村、前村村、清泉村
上余镇	18	—	大溪滩村、余航村、山头村、一都江村、李坪村、高洋村、木车村、方家村、上余村、七一村、五程村、湖珠村、塘岭一村、江村畲族民族村、塘岭二村、塘岭三村、苦叶田村、望江村
四都镇	8	—	四都村、傅筑园村、江北村、上峰村、双溪村、埠头村、前岭村、金山村
贺村镇	45	—	贺村村、友爱村、狮峰村、富益村、明星村、溪淤村、幸福村、丰益村、大贤坂村、河东村、敖坪村、湖前村、八里坂村、东山头村、吴村村、耕读村、水晶山底村、羡家村、诗坊村、龙头村、南塘村、寺后村、长埂村、山底村、青塘尾村、佛堂村、后源村、严麻车村、贺山头村、三塘村、淤头村、淤前村、高路村、达埂村、棠坂村、永兴坞村、石后村、市上村、礼贤村、华塔村、陈塘村、山塘村、通贤村、万青山村、乌鹰垄村
坛石镇	13	—	坛石村、定家坞村、郭丰村、郭丰坞村、新叶村、占塘村、潭边村、上王村、占村村、鳌头村、横渡村、上溪村、五圳村
大桥镇	15	—	大桥村、冷水村、陈家村、上仓村、福塘村、湖游村、葩坞村、新桥村、桥头村、仕阳村、仕阳尾村、西坂村、店边村、芳源村、黄石村
新塘边镇	19	—	新塘边村、勤俭村、千坞村、外坞村、毛村山头村、毛家仓村、达路边村、爱丰村、塘边村、东亭村、日月村、东陈村、上平天村、恩深村、永丰村、东山村、彭村村、上洋村、卅六都村
长台镇	9	—	长台村、长兴村、贺新村、花园村、长安村、朝旭村、华峰村、乾湖村、金檀村
石门镇	15	—	溪底村、泉塘村、延龄村、新群村、清漾村、岭底村、金炉村、界牌村、琚家岗村、灵岗口村、长山源村、达篷村、郎峰村、西山村、江郎山村
凤林镇	18	—	凤祥村、凤里村、凤溪村、中岗村、大悲山村、高坂村、白沙村、卅二都村、苗青头村、花溪岙村、桃源村、茅坂村、英岸村、株树村、政棠村、官田村、游溪村、南坞村
峡口镇	18	—	峡西村、双潭村、峡北村、峡东村、峡南村、同桥村、地山岗村、新和村、连丰村、王村村、柴村村、广渡村、三卿口村、枫石村、合新村、定村村、大峦口村、峡新村
廿八都镇	9	—	浔里村、花桥村、枫溪村、兴墩村、坚强村、山峰村、林丰村、浮盖山村、周村村
大陈乡	6	—	早田坂村、大唐村、夏家村、大陈村、红星村、乌龙村

续表

乡镇街道	数量		村、社区名称
	村	社区	
碗窑乡	9	—	源口村、红石桥村、和源村、府前村、达河村、碗窑村、金龙村、天井村、凤凰村
张村乡	11	—	先锋村、秀峰村、塔山村、安顶村、太阳山村、琚源村、双合丰村、玉坑口村、毛长甫村、龙头店村、双溪口村
塘源口乡	9	—	塘源口村、仓坂村、塘源村、青石村、洪福村、仓源村、前墩村、酉石村、冷浆塘村
保安乡	7	—	保安村、后坂村、西洋村、赵宅门村、化龙溪村、裴家地村、龙溪村
合计	292	13	—

4.1.2 城市发展

江山市的整体城市定位为“工业新城、旅游胜地、山水家园”，形象定位为“千年古道·锦绣江山”。近年来更是突出以产业发展为中心，加快构建以工业经济为核心，旅游经济和城市经济协同发展的“1+2”经济体系，全力建设实力支撑、美丽著称、活力开放、人民幸福的江山大花园。

市域按照“江轴聚园、山廊串景、优城特镇、梯次推进”的发展思路，整个江山市域形成“一带两片”的空间结构。

（1）一带

沿江山港依托46省道、48省道和江贺公路三条交通干线，形成江山市最主要的城镇空间发展带，也是最重要的工业产业集聚带，主要包括虎山街道、双塔街道、贺村镇、新塘边镇、清湖街道以及碗窑乡、上余镇、四都镇等区域。其中将双塔街道、虎山街道、碗窑乡以及清湖镇界定为中心城区范围。

以中心城区建设为核心，以交通走廊、江山港为引导，重点发展工业产业与城镇建设空间。中心城区发展居住、商业、行政、文化、产业等综合性的城市功能，承担全市的公共服务职能；其他城镇通过特色专业化职能的发展，形成与中心城区之间的经济网络化格局。

（2）两片

根据自然地理条件、乡镇行政区划和发展资源，以主要城镇为核心，整合发展空间和各区特定发展功能，形成北部功能片和南部功能片两个城乡发展片。

① 北部功能片。主要包括大桥镇、坛石镇、大陈乡，以发展农业产业为主。

② 南部功能片。主要包括峡口镇、凤林镇、长台镇、石门镇、廿八都镇、保安乡、张村乡及塘源口乡，以发展生态旅游及现代农业为主。在南部功能片建设“五景区、九基地”。

4.2 江山市自然人文概况

4.2.1 自然地理

4.2.1.1 地形地貌

江山市全市土地面积约为2019km^2，占全省（陆地）总面积的2.02%。全市地貌类型多样，包括平坂、溪间谷地、岗地、低丘、高丘、低山、中山等多种类型，又以山地丘陵为主，素有“七山一水二分田”之称。其中平坂和溪间谷地占11.2%，山地丘陵占88.8%，地势东南高、西北低，中部为河谷地带，整体为不对称的“凹”状。大面积的山地为林业生产提供了良好的条件，地貌的立体分层也为多种经营奠定了基础，山地资源的开发潜力很大。

市域东南部为仙霞岭山脉，从福建省浦城县与江山市交界处的枫林关入境，向东延伸，以中山为主，山势陡峻，有海拔1000m以上的山峰105座，最高峰1500.3m；西北为怀玉山支脉，从江山市大桥镇杨岗入境，为江山市与常山县的分界线，以低山为主，山势较缓，最高峰湖山尖895.4m；中部为河谷盆地，东起江山市四都镇一带，呈长条状向西南延伸至江西省境内。盆地内，江山港两岸，峡口至茅坂段为冲积平原，西部为红岩低丘，东北部长台溪切穿和睦一带高丘，形成山前的红土低丘和冲积扇。

4.2.1.2 水文地质

江山市年径流总量为22.8×10^{8}m^3，其中地表径流量为20.5×10^{8}m^3，地下径流量为2.3×10^{8}m^3。主要河流为江山港，是钱塘江的上游支流，属山区性河流，落差较大。水位、流量、流速的变化，深受降水变化影响，变化量较大。汛期一般出现在每年4月以后，特别是5月和6月降水集中的梅雨季节，汛期河水含沙量高；枯水期出现在7月和8月伏旱期及以后时期。

江山市区域构造部位属于扬子准地台，测区位于华夏台背斜与钱塘江负向斜交界处，在江（山）—绍（兴）深大断裂带之西南段西北侧，钱塘江负向斜的西南缘。肖（山）—球（川）活动性大断裂带位于江山市西北，距市区30km。本区在江（山）—绍（兴）等深大断裂带的控制下，构造活动频繁，地质环境多变，地层较齐全，构造复杂。江山市震旦系至第四系诸地层基本齐全，特别是石灰系、二迭系两套地层发育良好，而且分布较广，具有一定成矿条件，矿藏以非金属矿为主，有石灰石、萤石、白云石、原煤、石煤、磷矿石、铝土、大理石、花岗石、硅灰石等20余种。据探查，原煤地质储量约500万吨，石煤地质储量约1亿吨，萤石矿地质储量约100万吨，硅灰石储量约100万吨，硬质耐火黏土地质储量100万吨以上，石灰石分布颇广，以市域北部地区最为集中，且储量大。

4.2.1.3 气候气象

江山市地处中亚热带北部湿润季风气候区，受地形影响，兼有盆地气候的某些特点，冬夏季风交替明显，四季冷暖干湿分明，光照充足，降雨充沛，雨热同期。多年平均气温为17.0℃，无霜期为249.7天左右，受地形影响，市域内雨热差异较大，立体气候明显。中北部海拔250m以下河谷丘陵和平坂，年平均气温在17.0℃以上。南部中、低山地，年平均气温不足17.0℃。1月平均气温，海拔200m以下的河谷地区在5.0℃以上；东部海拔400m以上的低山丘陵区，不足4.5℃；南部中、低山区为4.5～5.0℃。全市日照时空分布不均，河谷平坂地区，全年日照可达2063.3小时；山地丘陵地区，云雾较多，日照百分率较小。降水量自北向南逐渐增加，南部山区为多雨区，年降水量在2000mm以上，中北部降水量较少，不超过1700mm。市境相对湿度为75%～85%，南部山区较高，中北部平坂丘陵较低。本市内灾害天气较多，危害比较严重。

4.2.1.4 生物资源

江山市优越的气候条件、多样的地貌、肥沃的土壤营造了优越的生存空间，生物种类繁多。植物方面，自然植被有常绿阔叶林、针阔叶混交林、针叶林、灌丛等4个组、7个类型、15个群系，木本植物87科、232属、643种，其中属于国家和省级重点保护珍稀树种的有27种。动物方面，有脊椎动物200种左右，其中哺乳类40～50种，鸟类107种，爬行类20～30种，两栖类10多种，鱼类约10种。列入国家保护的珍稀动物有20多种，列入一级保护的有白颈长尾雉、黄腹角雉、虎、云豹等。

4.2.2 历史人文

江山市历史悠久，自夏、商、周到春秋早期，属扬州於越之地。

1987年11月27日，国务院批准江山撤县设市（县级），属衢州市，至今。

江山人杰地灵，具有两千年历史的仙霞古道作为江山历史的见证，曾是连接南北商旅的血脉和“海上丝绸之路”的陆上运输要道，也是兵家必争之地、商旅之途、诗词之路、空海之路。悠悠千年古道史，绵绵不绝文化情，古道文化孕育了江山文明，培养了一代又一代的江山人才。江山历史上共出过10多位尚书、400多位进士。孕育了清漾毛氏文化、江郎山世遗文化、仙霞古道文化、廿八都古镇文化以及村歌文化，是一个值得探寻的人文故地。

江山市山川秀丽，河湖清幽，人文景观独特，旅游资源开发潜力很大。主要景区有世界自然遗产江郎山巍峨参天的三石、伟人峰、一线天等江郎八景；有仙霞岭的仙霞古道、千年古关，廿八都古镇及戴笠故居；市区有形象传神的老虎山、鸡公山、西山、须江公园、古码头，隔江相望的百枯、凝秀双塔及大陈岭溶洞群；还有古生物遗迹、古文化遗址、古墓群、古窑址、古寺庙、碑刻等珍贵文物。此外，三卿口传统制瓷工艺、江山手狮舞、坐唱班及廿八都木偶戏是重要的非物质文化资源。

4.3 江山市现有自然保护地现状情况

4.3.1 江山市现有自然保护地分布情况

4.3.1.1 自然保护地申报历程

江山市目前共有七处自然保护地，包括六处经政府审批成立的自然保护地和一处民间自发建立的自然保护地。其中，经政府批建的自然保护地的标准名称分别为：①江山仙霞岭省级自然保护区；②江郎山国家级风景名胜景区；③江山金钉子地质遗迹省级自然保护区；④浙江江山港省级湿地公园；⑤仙霞国家森林公园；⑥江山浮盖山省级地质公园。

除民间自发建立的自然保护地外，其余六处保护地均有较为清晰的发展历程，具体表现在申报、批建、规划编制等时间节点上（图4.1）。

（1）江郎山国家级风景名胜区

1991年5月，江郎山、仙霞岭、峡里湖、廿八都、浮盖山五处捆绑申报并建立了浙江省省级风景名胜区江郎山风景名胜区。第一轮总规于1993年编制，并于2002年上升为国家级风景名胜区。

2010年8月，浙江江郎山和湖南莨山、广东丹霞山、贵州赤水、福建泰宁、江西龙虎山一起作为“中国丹霞”系列被列入世界自然遗产名录，成为浙江省第一个世界自然遗产，也是省内至2019年为止唯一一处世界自然遗产。翌年，《江郎山国家级风景名胜区总体规划（2010—2025）》正式获批。2019年，总规修编。

（2）仙霞国家森林公园

江山市林业局于2001年8月提出建设浙江仙霞森林公园的构想，划定了森林公园范围，并做了可行性研究报告。2001年9月浙江省林业厅以浙林造批[2001]120号文批复同意建立浙江仙霞省级森林公园。2004年进行第一轮总规编制，且经中国森林风景资源评审委员会审议和国家林业局审核，12月3日国家林业局以林场发[2004]217号文批准建立浙江仙霞国家森林公园。2017年10月12日，江山市人民政

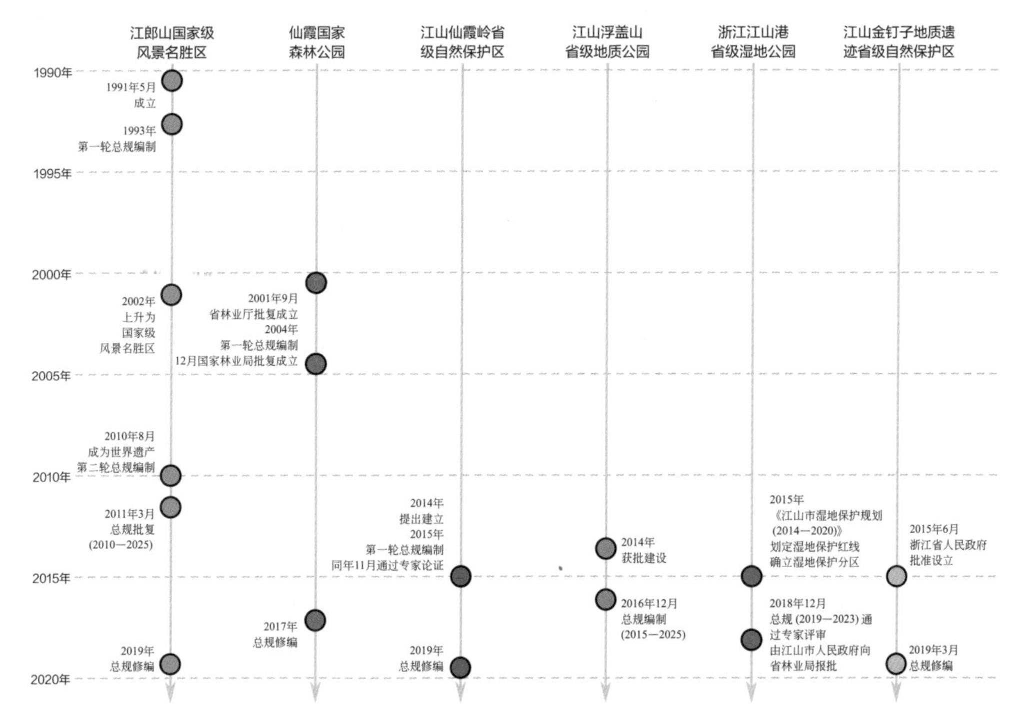

图4.1 江山自然保护地发展历程

府初审了《仙霞国家森林公园总体规划》。

（3）江山仙霞岭省级自然保护区

2014年江山市委、市政府提出在该区建立自然保护区。2015年委托浙江省林业调查规划设计院参与仙霞岭自然保护区的科学考察工作，并根据国家有关自然保护区建设新政策、新规范、新标准，编制完成《江山仙霞岭省级自然保护区总体规划（2016—2025）》，同年11月通过专家论证。2019年总规修编。

（4）江山浮盖山省级地质公园

江山浮盖山省级地质公园于2014年获原省国土资源厅批准建设，于2016年12月编制了《浮盖山省级地质公园总体规划（2015—2025）》。

（5）浙江江山港省级湿地公园

2015年编制了《江山市湿地保护规划（2014—2020）》，划定了湿地保护红线，并确立了湿地保护分区。2018年12月6日，《浙江江山港省级湿地公园总体规划（2019—2023）》通过专家评审。2018年12月25日，江山市人民政府向浙江省林业局报批建立湿地公园。

（6）江山金钉子地质遗迹省级自然保护区

2015年6月9日，《浙江省人民政府关于建立江山金钉子地质遗迹省级自然保护区的批复》（浙政函［2015］57号）文件批准，江山金钉子地质遗迹省级自然保护区正式设立。保护区定位以保护江山阶“金钉子”等地质遗迹为主要目的，发挥科研、科普功能，同时兼具城郊休闲公园的作用。2019年3月总规修编。

4.3.1.2 空间分布及重叠情况

七处自然保护地沿江山市南北方向分布，且主要聚集在以山地、森林为主的南部片区（图4.2左），总面积229.11km^2（除民间保护地外共计186.88km^2）（表4.2）。其中，除江山金钉子地质遗迹省级自然保护区和民间自然保护地之外，其余5处自然保护地均存在不同程度的重叠。根据现状分布图，重叠部分可分为A、B、C、D四个区块，表现为一地多牌的现象（图4.2右）。经统计得知，除去民间保护地及重叠部分的面积，其余自然保护地的面积总计145.2km^2，重叠部分面积为41.68km^2，其中浙江省内部分面积总计141.08km^2。

表4.2 江山市现状自然保护地面积

自然保护地名称	面积/km^2
江山仙霞岭省级自然保护区	69.92
江郎山国家级风景名胜区	51.39
江山金钉子地质遗迹省级自然保护区	0.23
浙江江山港省级湿地公园	21.44
仙霞国家森林公园	34.49
江山浮盖山省级地质公园	9.41
民间自然保护地	42.23

江山市自然保护地的申报历程表明，造成保护地范围重叠的直接原因为保护地的批建存在一定的时间跨度。近30年的时间，包含区域发展、政策变动、评价标准、技术条件等多重因素的变动，进而导致自然保护地一地多牌、管理机构分散、边界范围出入等一系列问题。如图4.3所示，浙江江山港省级湿地公园与江郎山国家级风景名胜区的重叠部分为峡里湖水库及其周边范围，且边界范围的划定存在较大出入（重叠区块A）；仙霞国家森林公园分别与江郎山国家级风景名胜区的仙霞岭景区和浮盖山景区、江山仙霞岭省级自然保护区存在较大范围重叠（重叠区块B、C、D）；浮盖山区域的重叠情况最为复杂，不仅是江郎山国家级风景名胜区的浮盖山景区、仙霞国家森林公园以及江山浮盖山省级地质公园之间的大面积重叠，且在边界范围上存在明显出入，甚至与江山市域范围边界无法完全匹配重合。

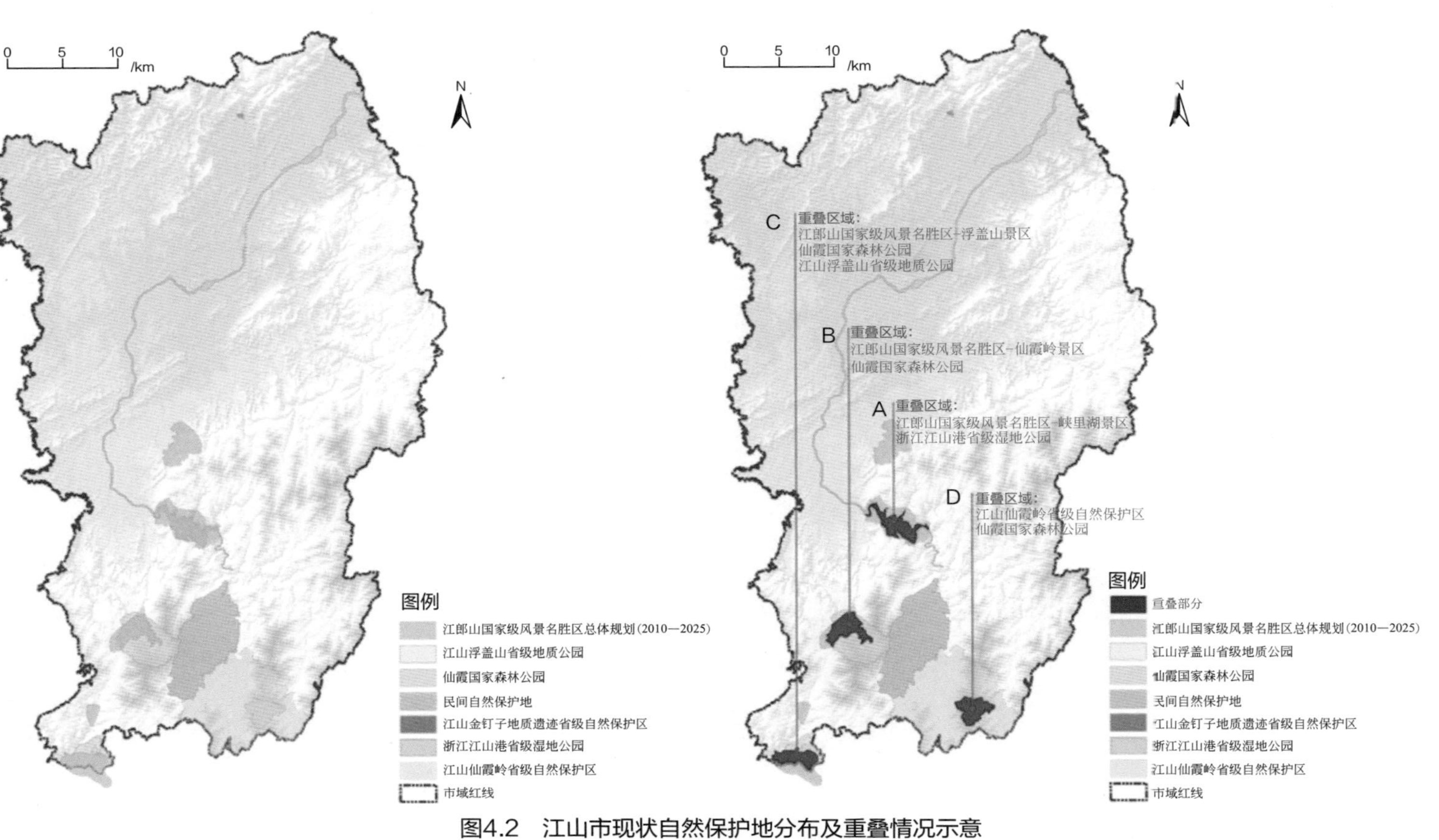

图4.2　江山市现状自然保护地分布及重叠情况示意

（图中市域红线均由江山市自然资源和规划局提供）

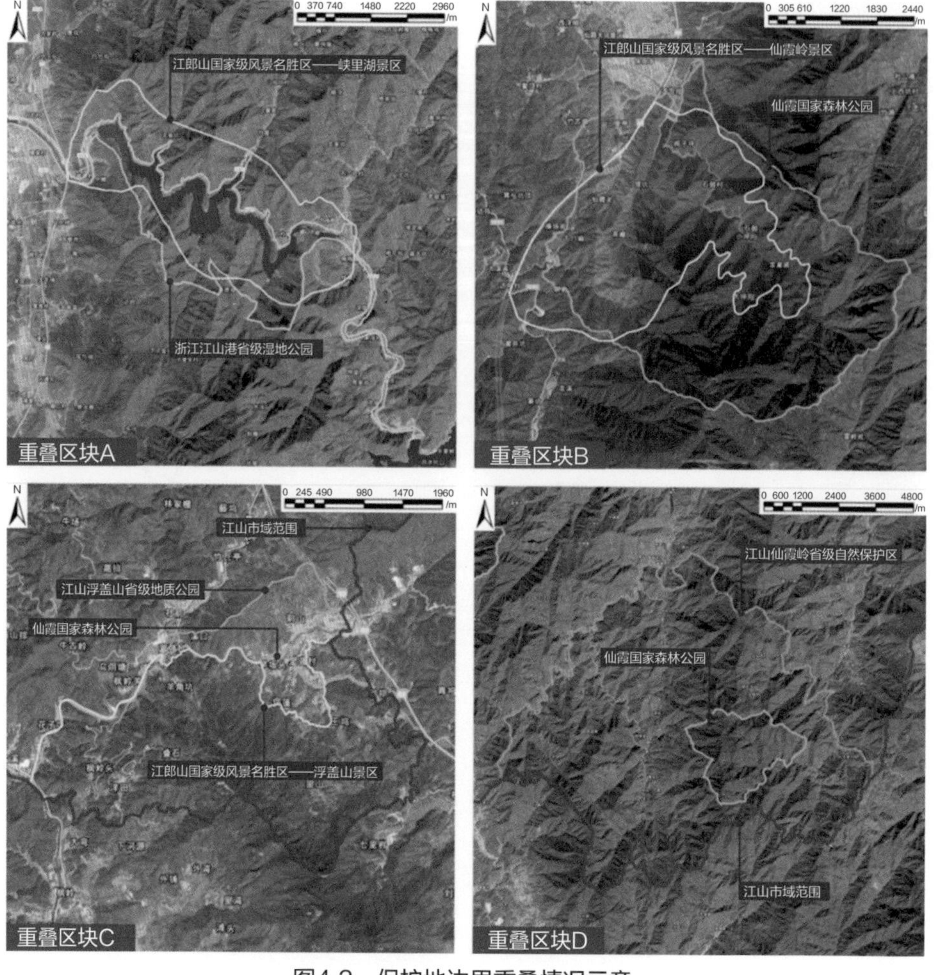

图4.3　保护地边界重叠情况示意

（图中市域范围由江山市自然资源和规划局提供）

4.3.1.3　管理机构设置

江山市自然保护地管理机构设置情况见表4.3。

表4.3　江山市自然保护地管理机构设置

自然保护地名称	管理机构	管理职责
江山仙霞岭省级自然保护区	江山仙霞岭省级自然保护区管理局	① 负责保护区全面的综合管理工作，贯彻落实上级主管部门的有关精神，执行国家、地方有关保护区的政策、法律和法规，执行当地政府和上级主管部门赋予保护区的各项任务，会同周边社区共同做好保护管理工作 ② 负责实施保护区总体规划，制定年度计划和各项管理制度，从总体上把握全局的发展 ③ 负责保护区重大事项的科学决策，在保护区内组织开展保护、科研、宣教、社区共管、旅游及资源利用等活动，协调配置各科室的人力、财力资源

续表

自然保护地名称	管理机构	管理职责
江山仙霞岭省级自然保护区	江山仙霞岭省级自然保护区管理局	④ 负责保护区内自然环境与自然资源的保护管理工作，组织开展森林防火、森林病虫害防治工作；负责保护和拯救珍稀濒危生物物种；负责保护区的自然资源调查和环境监测，建立资源档案 ⑤ 依法查处破坏保护区自然资源和自然环境的违法行为
	江山仙霞岭省级自然保护区社区共管领导小组	对社区工作起领导和指导作用，指导共管委员会组织实施社区项目；对社区工作进行协调，主要是加强各部门的协调和合作；协调和解决项目执行中出现的矛盾和冲突；审批有关计划和协议并监督共管工作的实施；解释相关政策问题；促进社区工作成果的宣传与推广
	森林公安派出所	贯彻执行党和国家关于公安工作的方针、政策、法律、命令，以及国家相关部门的规章、决定、指示；侦查破坏森林资源和野生动物资源的刑事案件，严厉打击刑事犯罪活动，保卫森林资源和野生动物资源安全；加强林区治安管理，维护林区的治安秩序，查处林区的治安案件和《中华人民共和国森林法》规定的行政案件；预防森林火灾，加强森林防火宣传教育和扑火队伍建设，保卫林业生产安全；加强联防队伍和护林员队伍建设，提高防火、防盗能力；加强森林公安队伍建设；制定森林公安装备标准，参与编制森林公安基本建设投资计划，负责协调警用物资的调拨等工作；完成上级交办的其他工作
江郎山国家级风景名胜区	江山市林业局	管理职能。负责世界自然遗产江郎山的保护和管理工作，对全市风景名胜区的建设实施管理和监督执法，负责风景名胜区的规划编制和实施，并对风景名胜区的资源保护情况进行监督检查和评估
	江郎山世界自然遗产保护中心（挂江郎山—廿八都旅游区管理委员会牌子）	管理职能。主要负责做好风景名胜资源、自然生态资源和环境的保护工作；负责景区内的古树名木和野生动植物保护等工作，审查景区内的林木采伐许可和报批，审查建设工程的环境影响报告书；依据《风景名胜区条例》的相关规定，负责景区内相关违规、违法行为的监管、查处
	江山市旅游发展有限公司	经营职能。主要负责江郎山风景区的管理、投资建设，以及对外宣传营销等工作
江山金钉子地质遗迹省级自然保护区	金钉子地质遗迹省级自然保护区管理处	① 贯彻执行国家有关地质遗迹保护的方针政策和法律法规 ② 组织实施地质遗迹自然保护区总体规划及相关保护工作 ③ 制定管理制度，统一管理在保护区内从事的各项活动，包括科研、教学、旅游等活动 ④ 对保护的内容进行监测、维护，防止遗迹被破坏和污染 ⑤ 开展地质遗迹保护的宣传、教育活动，协调科学研究和社区发展事务
浙江江山港省级湿地公园	无	无
仙霞国家森林公园	无	无
江山浮盖山省级地质公园	浮盖山地质公园管理处	① 贯彻落实国家、省关于地质公园管理、建设、保护与开发利用的方针、政策和法律法规，部署建设和管理工作 ② 审定和落实地质公园总体规划、揭碑开园实施方案和建设计划，执行相关政策、规定、办法和标准 ③ 负责建设、管理宏观决策和组织指挥 ④ 建立目标责任体系，下达目标任务，抓好督促检查 ⑤ 组织宣传地质公园，加强信息沟通和国际交流合作 ⑥ 协调各职能部门涉及的地质公园有关工作，研究解决工作中的主要矛盾和重大问题 ⑦ 承办上级行政主管部门交办的其他事项

4.3.2 江山仙霞岭省级自然保护区分级分类设置情况

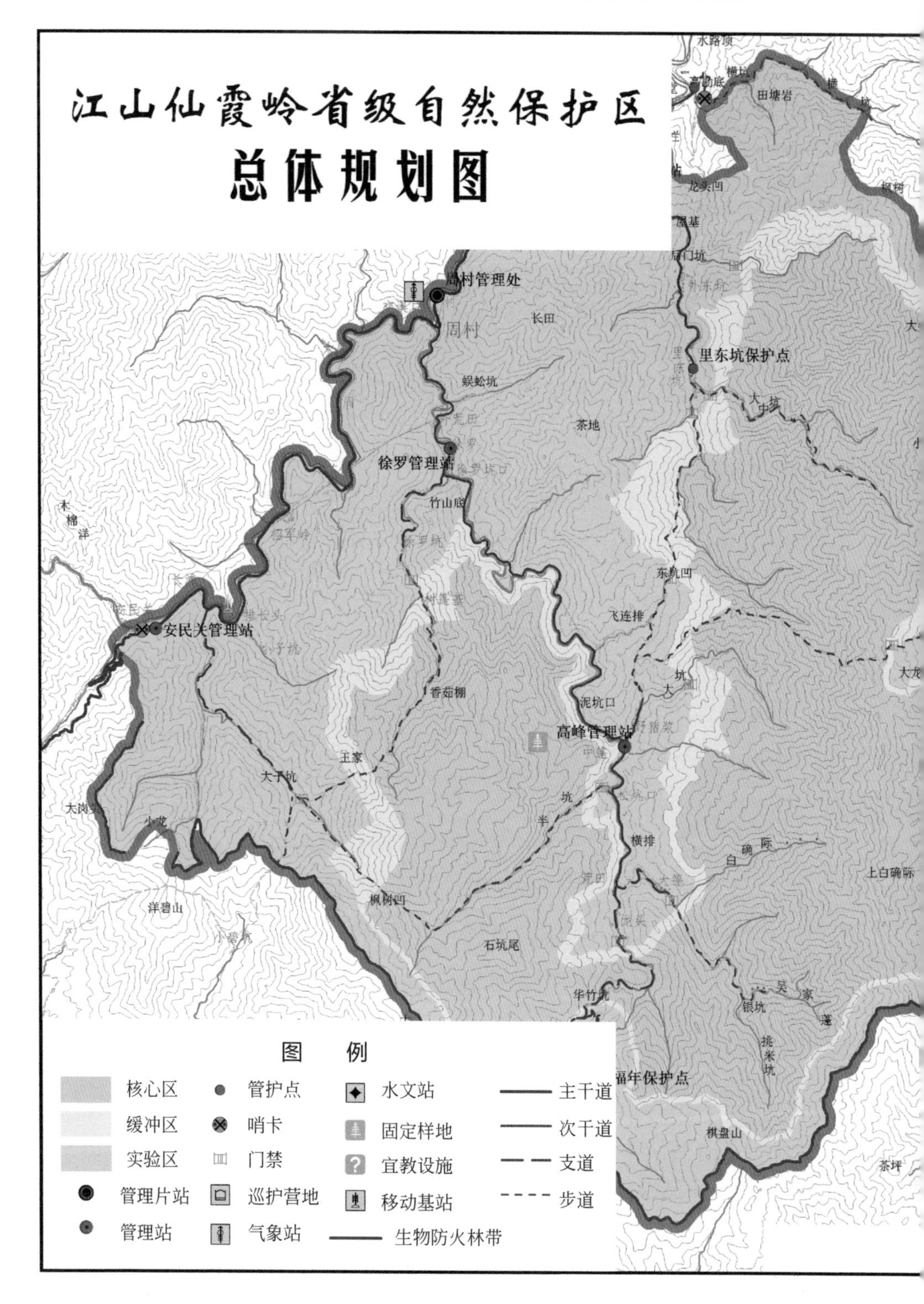

图4.4　江山仙霞岭省级自然保护区总体规划图

［图片来源：《江山仙霞岭省级自然保护区总体规划》（2019—2025）］

4.3.2.1　基本概况

江山仙霞岭省级自然保护区位于江山市南部山区的廿八都镇和张村乡境内，南与福建省浦城县接壤。地理坐标介于东经118°33′42.3″～118°41′5.0″，北纬28°15′25.6″～28°21′11.4″之间，总面积69.92km²，是以保护中亚热带常绿阔叶林及黑麂、伯乐树等珍稀濒危野生动植物为主的森林与野生动物类型自然保护区（图4.4）。

江山仙霞岭省级自然保护区地处仙霞岭山脉东南起点，南部山岗为钱塘江水系和信江水系的分水岗，主峰大龙岗（海拔1501.0m）为金衢第一峰，山势挺拔陡峻，属构造侵蚀中低山地貌，多为中生代侏罗系火山岩覆盖，岩性坚硬，节理发育，侵蚀后常成陡崖峭壁。气候属中亚热带湿润季风气候，四季分明，雨水充沛，孕育着丰富多样的野生动植物资源，是仙霞岭区域生物多样性最富集、最重要的精华区域之一。经初步调查，植被类型有10个植被型25个群系（组），森林覆盖率达98.0%，生长期50年以上的天然次生林有1000ha以上；维管植物169科571属1064种，其中包括国家重点保护野生植物12种，省级重点保护野生植物13种；脊椎动物26目79科228种，其中包括国家重点保护野生动物23种，省级重点保护野生动物12种。

4.3.2.2 功能区划

依据《自然保护区总体规划技术规程》（GB/T 20399—2006）和《自然保护区功能区划技术规程》（LY/T 1764—2008）等规范，按照科学性、针对性、完整性和协调性等原则，江山仙霞岭省级自然保护区被划分为核心区、缓冲区和实验区三部分（表4.4）。核心区位于保护区内山体的中上部，面积2979.32ha，占总面积的42.62%。核心区内有森林植被保护最完好的野猪浆猕猴自然保护小区和大南坑、中坑天然次生林自然保护小区的绝大部分，也包含了珍稀动植物分布较集中的半坑、华竹坑、吴家蓬、大中坑等区域，能为珍稀濒危野生动植物提供优良的栖息条件。缓冲区位于核心区外围闭合的缓冲带，带宽为50～700m不等，面积为765.22ha，占总面积的10.95%。除核心区和缓冲区外，其他都为实验区，面积为3245.46ha，占保护区总面积的46.43%。

表4.4 江山仙霞岭省级自然保护区功能区划

功能区划	面积/ha	范围	管理目标	管理措施
核心区	2979.32	东至社屋坑尾，南至省界内250m，西至枫树凹、王家岗，北至后门坑溪	确保珍稀濒危物种的自然栖息地和完整的森林生态系统不遭受破坏，保护生物多样性，维护该区域森林涵养水源的能力	① 禁止非保护区人员进入；外来科研人员进入核心区应有登记报批 ② 禁止破坏性的人为活动
缓冲区	765.22	核心区外围闭合的缓冲带，带宽为50～700m不等	① 通过对缓冲区的控制和管理，形成生物之间、核心区与实验区生物之间的交流通道，减少对核心区的压力，有效保护核心区 ② 满足科研需要	① 对核心区可能存在威胁的区域设置保护设施或措施 ② 改善珍稀野生动植物的生存条件 ③ 在此安排核心区与实验区的对比研究，获得实验数据，探索管理方法
实验区	3245.46	核心区和缓冲区外的部分	① 提供珍稀动植物繁育科学研究基地 ② 提供科普宣传、环境教育场所 ③ 提供、发展生态旅游区域 ④ 提供开展多种经营的场所 ⑤ 为保护区与外部的交流搭建平台	① 加强基础设施建设，满足保护、科研、宣教和生态旅游等的需要 ② 实施保护工程，加强对重点保护区域的保护，促进人工林向天然林演替 ③ 实施科研工程，开展植被恢复和扩大珍稀濒危动植物种群数量的科学研究 ④ 实施宣教工程，开展科普教育，规范访问者的旅游行为 ⑤ 发展生态旅游，提供人与自然和谐交流的机会 ⑥ 环境整治，营造人与自然和谐相处的氛围

4.3.3 江郎山国家级风景名胜区分级分类设置情况

4.3.3.1 基本概况

江郎山国家级风景名胜区位于东经118°22″～118°49″，北纬28°15″～28°52″之间，是以江郎奇峰、雄关古道、廿八古镇、古瓷窑村为特色，以旅游观光、休闲度假、文化科普教育为主要功能的国家级风景名胜区。该风景名胜区的面积为51.39km²，外围保护地带面积为43.09km²，最东端在原百石乡阴源村东，最南端在廿八都镇洋田村南，最西端在大桥镇陈家村马车坳西，最北端在四都镇山坑村柿梢坞口北，南北长70.75km，东西宽41.75km。边界线通过拐点坐标实施控制，划定原则是：按景源分布情况，一般以道路、乡镇界为边界，山地以山体分水岭为界，少量以自然村、特殊地貌为界。

在整体布局上，风景区由南北串联、相对独立的五个景区组成，空间上呈现“一线串五珠”的线性布局。自距江山市南部23km的江郎乡开始，依次向南为江郎山景区、峡里湖景区、仙霞岭景区、廿八都景区和浮盖山景区。其中，浮盖山景区南部跨越浙江和福建省的省界进入福建省浦城县境内。

江郎山国家级风景名胜区划分为五大景区，并形成五大功能区，即：江郎山景区为自然奇峰游览区，峡里湖景区为奇风秀水感受区，仙霞岭景区为雄关古道体验区，廿八都景区为文化古镇观赏区，浮盖山景区为洞穴攀登探险区（表4.5）。

表4.5 江郎山国家级风景名胜区功能分区

分区	面积/km²	范围	主要功能
江郎山景区（自然奇峰游览区）	11.86	包括新建的青龙湖度假区和核心的江郎山景群等	该景区是江郎山国家级风景名胜区中的形象代表景区，是江郎山对外宣传的名片，以奇特的三爿石为主要特征。景区功能主要为江郎奇峰游览观光，同时是整个江郎山风景名胜区的接待服务中心
峡里湖景区（奇风秀水感受区）	12.39	包括峡口镇的峡里村、峡里湖水库和三卿口古瓷村等	该景区是江郎山国家级风景名胜区中主要的水上体验区。景区功能主要为水上游览和古瓷村参观游览
仙霞岭景区（雄关古道体验区）	10.76	包括仙霞关、仙霞岭（古道及石鼓峡）和保安乡的戴笠故居等	该景区是江郎山国家级风景名胜区中重要的文化游览线，以古道雄关和名人故居为主要特征。景区功能主要为历史文化学习和历史遗迹观览
廿八都景区（文化古镇观赏区）	1.98	包括廿八都全镇	该景区是江郎山国家级风景名胜区中历史文化环境保存最完好的景区，以廿八都古镇古老的街道建筑、独特的民俗文化为主要特征。景区功能主要为历史古镇寻踪和人文景观观赏
浮盖山景区（洞穴攀登探险区）	14.40	南部跨越浙江和福建省界，进入福建省浦城县境内	该景区有别于三爿石丹霞地貌的火山岩自然原始洞穴景区，以大片自然崩塌火山岩形成的洞穴为主要特征。景区功能主要为洞穴攀登和探险

4.3.3.2 分级区划

《江郎山国家级风景名胜区总体规划（2010—2025）》并未对风景区进行明确的分级保护规划，仅划定了核心景区，分别为：①江郎山郎峰、亚峰、灵峰三爿石景群；②峡里湖风洞坑村以及三卿口古瓷村核心景群；③仙霞关及仙霞古道核心景群；④廿八都核心景群；⑤浮盖山火山岩洞穴核心景群（表4.6）。

表4.6 江郎山国家级风景名胜区核心景区

景区名称	面积/km²	保护范围	保护要求	备注
江郎山郎峰、亚峰、灵峰三爿石景群	2.25	位于江郎山景区的核心区，包括附属的神笔峰、霞客仙踪、会仙岩、江郎书院等	①不符合规划、未经批准以及与核心景区资源保护无关的各项建筑物、构筑物，应制定搬迁、拆除或改造措施 ②严禁新建与资源保护无关的各种工程建设，严格限制新建各类建筑物、构筑物	五处核心景区既包括自然景观保护区，又包括史迹保护区，还有部分为风景游览区，应分别遵照分类保护规划中的具体保护措施予以严格保护
峡里湖风洞坑村以及三卿口古瓷村核心景群	1.5	位于峡里湖景区中，以峡口水库为核心，包括其沿岸300m以内的范围以及峡口镇以南2km的三卿口古瓷村		
仙霞关及仙霞古道核心景群	1.23	位于仙霞岭景区中，包括仙霞四关在内的古道及其相关景观		
廿八都核心景群	1.5	位于廿八都景区中，包括廿八都镇中的古民居群、枫溪老街、水安桥等景源		
浮盖山火山岩洞穴核心景群	2.34	位于浮盖山景区内，包括浮盖山的主要景观，如枫岭关、三叠石、奇洞奇峰等及所在山峰山谷		

江郎山国家级风景名胜区分级保护方案的提出具体见于2019年的修编。根据《风景名胜区总体规划标准》（GB/T 50298—2018），规划按照资源价值等级大小以及保护利用程度的不同，将风景名胜区划分为一级保护区、二级保护区、三级保护区，并划定风景名胜区外围保护地带进行管控（表4.7）。

表4.7 江郎山国家级风景名胜区分级保护（2019年总规修编）

保护地级别		面积/km²	保护范围	保护要求
一级保护区	江郎山景区	6.1	核心景区作为一级保护区	① 应保持原生自然山体、水体、植被、特色植物等，严禁开山采石以及破坏自然山体、水体、河岸的建设行为 ② 应注重保护文化史迹的真实性和完整性，进行保护性修复、修缮应符合文物保护规定，并同整体风貌相协调 ③ 只宜开展观光游览、生态旅游活动，应严格控制游客容量，加大对核心景区的保护力度，严禁开发性破坏 ④ 应严格控制核心景区范围内的建设活动，严禁新建与风景保护和游赏无关的建筑物；有损害的建筑物、构筑物应逐步拆除，无关的设施、单位应逐步搬迁 ⑤ 在配套保障方面，应加强对交通和居民点的统筹协调，对核心景区范围内的居民点进行严格控制
	峡里湖景区	6.38	以峡口水库为核心，其沿岸300m范围；三卿口古瓷村	
	仙霞岭景区	0.49	仙霞古道核心段、石鼓水库及溪流	
	廿八都景区	0.25	文物保护单位、古迹，传统街巷、水系，以及构成传统风貌必不可少的民居和其他建筑等	
	浮盖山景区	0.86	景区内层叠磊石的集中区域	

续表

保护地级别		面积/km²	保护范围	保护要求
二级保护区	江郎山景区	4.3	一级保护区外围圈层地带，主要包括核心景群周边的重要自然资源	① 严格保护风景资源的真实性和完整性，控制区内设施规模，区内新建设施应同已有风貌相协调 ② 严禁除必要游览设施外的其他类型的开发或建设，游览服务设施应控制其建设规模和风貌。应限期拆除不利设施 ③ 限制和引导居民，严格控制非游览性外来机动交通进入
	峡里湖景区	8.66		
	仙霞岭景区	1.58		
	廿八都景区	0.2		
	浮盖山景区	0.57		
三级保护区	江郎山景区	1.46	二级保护区外围圈层地带，主要包括景区内村落、居民点及周边生态环境	① 统筹游览服务设施，严格控制建设范围、规模和风貌 ② 加强对居民点的规划建设管理，控制其建设规模，同风景名胜区风貌相协调 ③ 保护生态环境，保障生态安全，注意保护山体、水体、生物多样性资源，严禁开山采石、污染水源、毁林垦荒
	峡里湖景区	0.4		
	仙霞岭景区	0.4		
	廿八都景区	1.48		
	浮盖山景区	6.15		
外围保护地带		各保护区外围的缓冲隔离地带，不属于规划范围		① 建筑物布局、设计不得对景区的景观视域产生威胁，景观特征、建筑高度、建筑密度、建筑形象与风景名胜区协调 ② 建筑色彩应以传统民居的黑、白、灰为主色调，与当地传统城镇的风貌相协调 ③ 可设置必要的交通枢纽设施与交通集散中心

4.3.3.3 分类区划

江郎山国家级风景名胜区的风景资源以自然景观、文物古迹、特色村寨及非物质遗产为核心资源特色。规划对这些构成风景名胜区主体的资源，在分区保护的基础上，提出相关针对性的要求（表4.8）。

表4.8 江郎山国家级风景名胜区分类保护

保护地类别		保护内容	保护范围	保护要求
自然景观保护区	江郎山三爿石自然景观保护区	三爿石自然景群，包括三爿石、一线天、神笔峰、丹霞赤壁、十八曲等	以三爿石为中心，半径600～1000m，面积为2.25km²	① 保护范围内严格限制开发行为 ② 禁猎、禁伐、禁永久性人工设施。严格控制游人容量 ③ 禁止外来机动车辆进入 ④ 保护原始植被，修复生态景观破坏
	浮盖山火山岩洞穴自然景观保护区	各种洞穴、峰石、森林植被等	保护区为不规则块状，面积为4.55km²	① 严格禁止开山采石、乱砍滥伐的行为 ② 严格保护洞穴、峰石景观的自然状态，清除危岩险石 ③ 控制游人量，维护游览氛围 ④ 机动车辆不得进入景区 ⑤ 严格保护森林植被，整理植物名录，提供科研基地

续表

保护地类别		保护内容	保护范围	保护要求
自然景观保护区	石鼓峡景群保护区	大青山、石鼓峡、浅水滩、古红豆杉、天线瀑、移石瀑、石鼓等	自西北向东南呈带状分布，面积为2.17km^2	① 严格保护森林植被和山石水土 ② 严格控制游人进入的数量，以森林防护、生产科研为主 ③ 重点保护风景名胜区内的自然水景，加强水体、水质保护，禁止使用机动船
史迹保护区		仙霞关周边400m、仙霞古道两侧各200m、戴笠故居周边300m、廿八都古镇周边1500m、慕仙桥及赵宅门村周边50m、枫岭关周边100m、三卿口古瓷村周边1000m、开明禅寺周边500m、江郎书院周边300m		对保护范围内的一切建设进行管理和控制，在外围保护地带内严格控制建设；如需进行建设项目，需按有关程序报批，必要的基础设施建设不能破坏景点景观
风景恢复区		江郎后山、峡里湖两岸山林及浮盖山外围因修公路而被破坏的山体、森林植被和仙霞古道二关至四关两侧原始山林景观	江郎后山2.32km^2、峡里湖2.53km^2、仙霞岭1.92km^2、浮盖山前区2.13km^2，共8.9km^2	① 恢复山体、植被、水土破坏，严格禁止再次开山修路、采石，采取必要的植被恢复措施 ② 营造混交林，撤除种植区，限制游人活动 ③ 人工造林、封山育林、森林防火、病虫害防治 ④ 扩大观赏乔木、常绿树等植被的种植面积
风景游览区		江郎山景区三爿石及周边十八曲、青龙湖、游客中心等；峡里湖景区峡里湖水面、度假村、峡里村等；仙霞岭景区仙霞岭一关至四关；廿八都景区；浮盖山洞石、峰石景观区		① 可进行适度的资源利用行为，适度安排各种游赏项目 ② 允许少量的景观建设 ③ 所有风景游览区内均可配置必要的机动交通及其他旅游服务设施
发展控制区		江郎山景区4.86km^2、峡里湖景区6.2km^2、仙霞岭景区2.94km^2、廿八都景区0.48km^2、浮盖山景区6.62km^2，共21.1km^2		① 准许保留原有土地利用方式与形态，安排有序的生产、经营、管理等设施 ② 也可以安排旅游设施及基地，严禁扩大建设用地
外围保护地带		江郎山景区外围6.47km^2、峡里湖景区外围13.91km^2、仙霞岭景区外围5.45km^2、廿八都景区外围3.77km^2、浮盖山景区外围4.84km^2，共34.44km^2		严格控制建设，如需进行项目建设，须按有关程序报批；必要的基础设施建设不能破坏景点、景观

4.3.4 江山金钉子地质遗迹省级自然保护区分级分类设置情况

4.3.4.1 基本概况

江山金钉子地质遗迹省级自然保护区位于江山市城区以北约10km，行政区划隶属双塔街道和大陈乡，保护区面积为228400m^2，是一个小型保护区（图4.5）。依据碓边金钉子剖面及其辅助剖面的分布和周边地理环境、社会经济分布状况，划定保护区经纬度范围为东经118°36′42.38″～118°37′06.36″、北纬28°48′51.30″～28°49′11.05″。四至边界为：东界为402乡道丰足—新塘坞的公路；北界为后垄塘水库南沿，并沿小道往东，越过小山岗鞍部，延伸到公路；南界由碓边自然村北边缘往西延伸接平坦耕地与山地分界线；西界自塘头山北，东约150m处的157.5高地为界，往东南和往西北沿脊线为界。

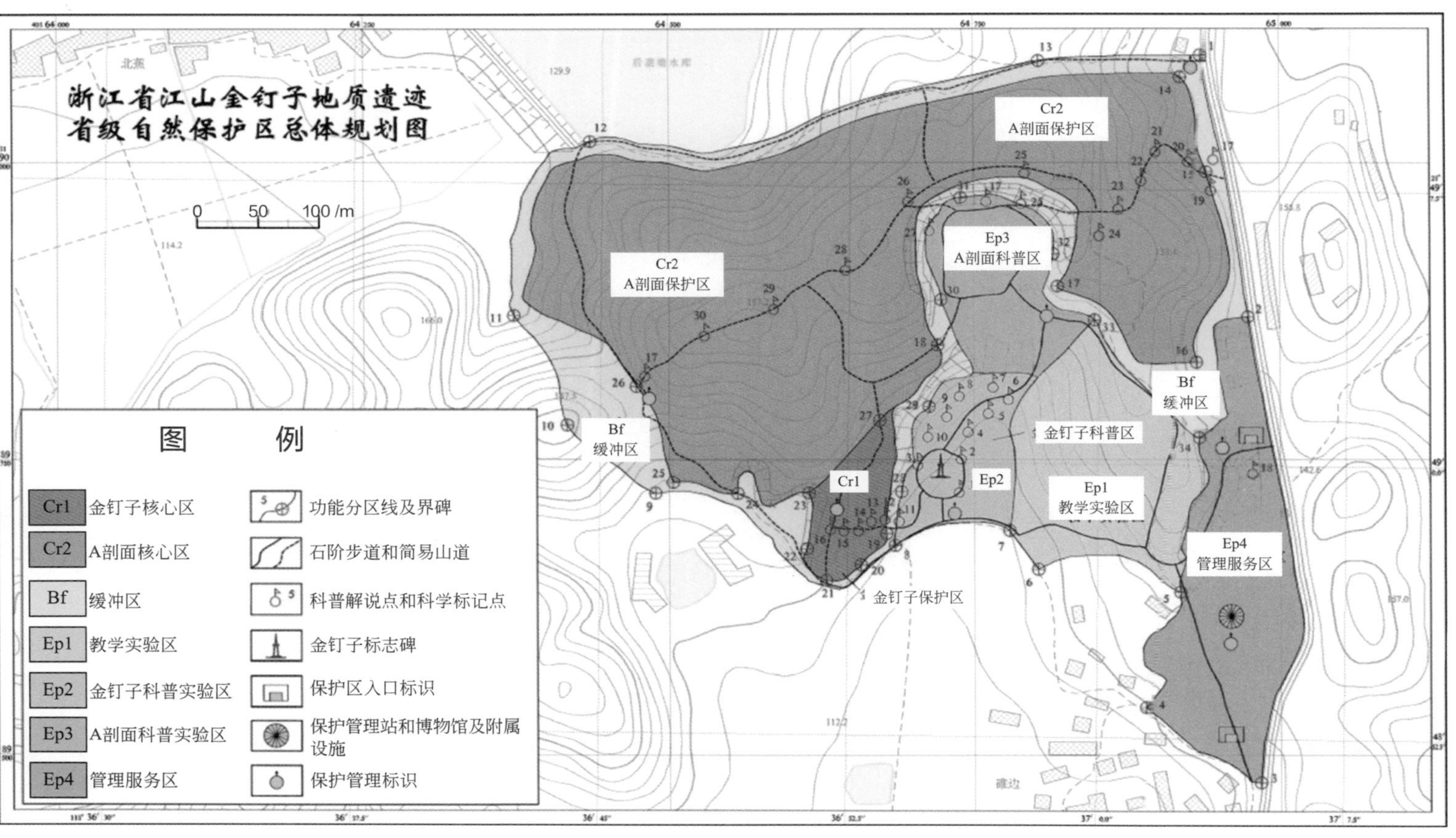

图4.5 江山金钉子地质遗迹省级自然保护区总体规划图

4.3.4.2 功能区划

根据对保护区内保护对象的要求，结合地理地貌和周边社情特征，将整个保护区划分为核心区、缓冲区和实验区三大部分（表4.9）。

表4.9 江山金钉子地质遗迹省级自然保护区功能区划

功能区		面积/m^2	备注
核心区	金钉子核心区	6400	位于保护区西南部，以碓边B剖面为核心，包含江山阶金钉子剖面，是最重要的保护区域
	碓边A剖面核心区	110000	位于保护区北部，沿碓边A剖面走向的一个东西向条带
	面积小计	116400	—
缓冲区		36800	为了缓冲外来干扰对核心区的影响，在核心区周围设缓冲区
实验区	教学实验区	23440	设于保护区南部有断续露头的区域，介于科普实验区和管理服务区之间。该区分为两大功能模块，其中约13440m^2以教学科考为主要活动内容，逐步增加地层露头供教学使用；约10000m^2用于建设寒武纪科普园
	金钉子科普实验区	10800	已建设金钉子永久性标志碑及广场，并设立关于江山阶金钉子剖面的科普解说牌，形成金钉子科普园
	A剖面科普实验区	13600	利用矿坑平地，布置本地特色景观石，解说A剖面及周边地区的重要地层剖面，营造地层景观石科普园
	管理服务实验区	27360	位于碓边自然村北口，沿公路向北展布，建设保护区的主入口，并配套建设保护区入口山门、博物馆（或展示馆）、管理用房、停车场、厕所等设施。关闭位于保护区东南侧的石灰窑，保留原有生产设施和古代石灰窑渣堆积层，利用矿业遗迹，适当开展石灰矿业发展的科普解说和展示
	面积小计	75200	—
保护区总面积		228400	—

按照《中华人民共和国自然保护区条例》《浙江省自然保护区管理办法》《地质遗迹保护管理规定》中的有关规定，以及本保护区各区的重要性和地层剖面面临的主要威胁等情况，设置针对性的保护措施。

（1）金钉子核心区（Cr1）

任何单位和个人不得擅自进入。因科学研究观测、调查等需要进入的，须经自然保护区管理机构批准。区内不得建设任何生产、经营设施。主要保护措施为：

① 通过安装防护设施、加强日常巡查监督等方式，确保标识碑牌和地层露头完好；

② 定期清理各种地层露头的覆盖物，保持地层露头的连续；

③ 设立并维护界碑、科研栈道、科学标记、解说牌和保护告示，指导科研活

动，明确保护措施和禁止行为；

④ 有序管理在该区留下的科学研究记号。

（2）碓边A剖面核心区（Cr2）

任何单位和个人不得擅自进入。因科学研究观测、调查等活动需要进入的，应经自然保护区管理机构批准。区内不得建设任何生产、经营设施。主要保护措施为：

① 通过加强日常巡查、监督等方式，确保标识碑牌和地层露头完好，杜绝违法建设和违规活动；

② 在适当地段抑制灌木、草本植物，逐步提升岩层出露程度；

③ 沿A剖面及其他重要地段设置简易山道，树立界碑、科学标记、解说牌和保护告示，明确保护措施和禁止行为，指导科研活动。

（3）缓冲区（Bf）

严格控制人类活动，禁止开展旅游和生产经营活动。因教学科研目的需要进入从事非破坏性的科学研究、教学实习和标本采集活动的，应当事先提出申请并经自然保护区管理机构批准。主要保护措施为：

① 通过日常巡查、监督等方式，杜绝与保护无关的建设活动；

② 指导陡崖、危岩等地质灾害的治理和废石、废渣的清理；

③ 抑制灌木、草本植物，提升关键地段的岩层出露；

④ 树立界碑和保护告示，明确保护措施和禁止行为。

（4）实验区（Ep）

不得建设污染环境、破坏地质遗迹和自然景观的生产设施；严禁开设与保护区保护方向不一致的参观、旅游项目，适当控制人类活动，保证污染物达标排放。主要保护措施为：

① 通过日常巡查、监督等方式，杜绝违法建设和环境污染问题发生；

② 在节假日、中小学生春秋游高峰期，加强对入区人员的控制疏导，保持人员流动、集聚适度。

同时，把保护区外围的可视范围设立为外围控制地带，鼓励外围控制地带的社区与保护区和谐共存、共同发展。引导外围控制地带内的社区改善环境，从事与运动、休闲相关的项目。导向性规划建设项目如下。

① 休闲观光农业。可利用保护区西南侧现有坑塘、农地、低丘山林建设草莓园、瓜果园、百果园，开展种植、采摘等体验活动。利用位于保护区东侧的茶园，开展采茶、炒茶、品茶、餐饮等活动。把保护区周边建成集农事体验、品茶尝果、休闲垂钓等于一体的休闲农业区。

② 山地运动游乐。可利用位于保护区西北方向的后垄塘水库及其东侧和北侧较陡的坡地，开展水上游乐和登山运动项目。

4.3.5 浙江江山港省级湿地公园分级分类设置情况

4.3.5.1 基本概况

江山港，古称大溪、鹿溪，又称须江，属钱塘江水系，为衢江南源，发源于江山市境南端浙江、福建两省交界处的苏州岭（海拔1171m），由西南向东北穿行于山地丘陵之中，贯穿江山市境中部，在衢州市双港口与常山港汇合而成衢江。

江山港在历史上曾是一条黄金水道，古航道水运鼎盛一时。其水路经钱塘江可直通京杭大运河，成为浙江、福建、江西三省边界重要的货物集散地和客运中心。自唐掘泉修塘，宋建堰筑堤，奠定江山港两岸开发农业的基础以来，江山港两岸历代多次修建江堤，主要是用砂石堆土墙，用鹅卵石或山石砌成。

浙江江山港省级湿地公园是钱塘江重要源头之一，也是浙江省西南重要的生态屏障，涉及江山港干流长约70km，规划总面积2143.75ha，其中各类湿地面积1479.88ha，湿地率69.03%。该湿地公园与全国重要生态功能区“浙闽山地生物多样性保护与水源涵养重要区”相邻，属全国林业发展格局中的“南方经营修复区”，也是国家“两屏三带”生态格局中南方丘陵山地带的空间载体。浙江江山港省级湿地公园在行政区划上共涉及江山市峡口镇、凤林镇、贺村镇、碗窑乡、清湖街道、虎山街道、双塔街道、四都镇、上余镇共9个乡镇（街道）。地理坐标为东经118°29′9.25″～118°43′59.30″，北纬28°21′14.25″～28°50′22.97″。

湿地公园自南向北贯穿江山市，涉及峡口水库、江山港干流及沿江洪泛、山林等区域。范围界线：纵向南起江山港上游——峡口水库，北邻拟扩建的江山仙霞岭省级自然保护区，沿干流水系北至江山市与衢江区交界处；横向江山港干流以河堤、现状道路以及规划沿江道路为界，峡口水库范围以道路及水库沿岸第一重山脊线为界。

4.3.5.2 功能区划

根据江山港湿地公园的地形地貌特征、湿地资源现状，以及道路交通、地理位置条件，遵循《湿地公园总体规划导则》（林湿综字[2018]1号）及该公园规划的指导思想和基本原则，为了便于湿地资源的保护和管理，以及湿地生态体验活动等的组织与开展，将湿地公园划分为生态保育区、恢复重建区和合理利用区3个功能区（图4.6）。

在具体功能布置上，三个分区各自发挥着不同的作用（表4.10）。

（1）生态保育区

生态保育区是湿地公园的生态基质，是湿地公园湿地生态系统的保护核心。

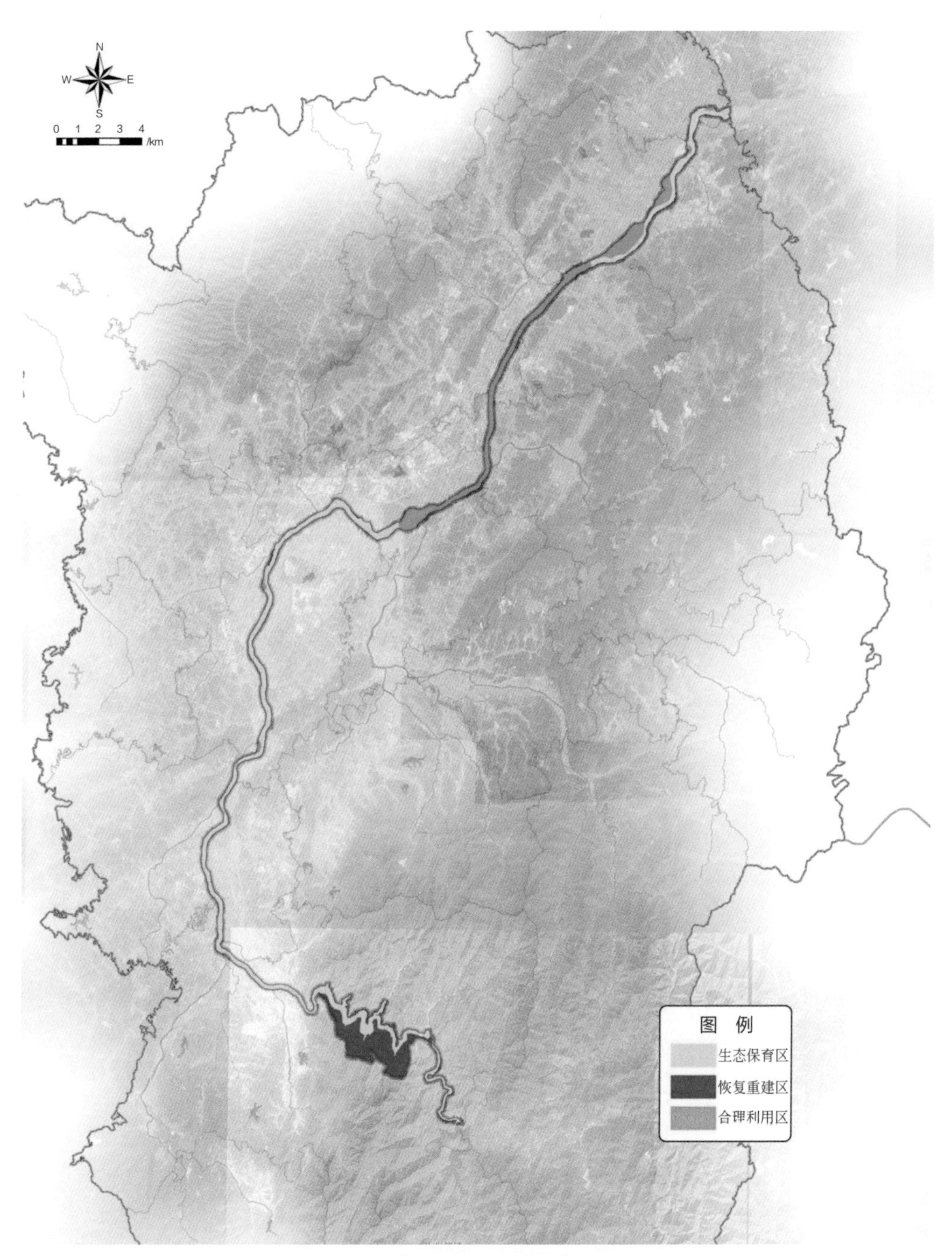

图4.6　浙江江山港省级湿地公园功能分区图

表4.10 浙江江山港省级湿地公园功能分区现状

功能分区	范围	现状分析
生态保育区	包括峡口水库、江山港干流河流湿地及周边山林、护岸林、沿河洪泛滩林等区域，规划面积1071.45ha，占湿地公园总面积的49.98%	承载饮用水源安全、蓄洪防旱等多重生态服务功能，是以鱼类、水禽为代表的众多生物的栖息繁殖地和物种交流廊道，常见多种野生水禽栖息，生物资源丰富，物种保护价值高，是浙西南地区生物多样性维护的重要支撑。该区域内峡口滩地、祝家滩地、淤前滩地、五百湖滩地等洲渚丛生，水草丰沛，洪泛湿地保存完好，是水鸟、两爬类动物、昆虫类的天然栖息地。基于此，确定该区域为湿地公园保育湿地生态系统的核心区域
恢复重建区	恢复重建区主要为江山港两岸被破坏的洪泛湿地、峡口水库库尾及水库周边的水源林，规划面积共计510.18ha，占湿地公园总面积的23.80%	河床较为自然，但部分区域修建的防洪驳岸对自然河流湿地有一定的干扰和破坏。峡口水库和白水坑现为江山市重要的饮用水水源地，周围山体基本为省级公益林，森林植被繁茂，水源涵养能力较强，但水库四周仍有部分农田和园地的水土保持及水源涵养能力有待提升。此外，随着现代农业的发展，湿地公园周边的农田面源污染将对江山港和水库等水体水质带来一定的胁迫
合理利用区	区域范围主要位于江山港流域周边的滩地，主要包括江山港流域城区段、五百湖滩地、大夫第湿地及大泽屿湿地周边等，规划面积562.12ha，占湿地公园总面积的26.22%	生态资源丰富，由洪泛、滩林、河流、池塘、沙洲等多样的湿地元素组成，离城镇集聚区较近，交通便捷，人流集中，适合开展湿地科普宣教及生态展示体验等合理利用活动。现状部分区块已纳入《江山港流域综合整治规划》，并结合衢州市江山段沿江公路PPP项目正在实施

（2）恢复重建区

恢复重建区是湿地公园开展退化湿地生态系统修复重建的主要区域，主要是以自然恢复为主、人工促进恢复为辅的方式修复原生湿地生态系统结构和功能，改善并扩大生物栖息地（生境）空间，开展相应的科研监测活动。湿地恢复重建区可开展以生态展示、科普教育为主的宣教活动，可开展不损害湿地生态系统功能的生态体验等活动。

（3）合理利用区

合理利用区是为访客提供认知和体验湿地生态系统、开展湿地服务功能和湿地科普宣教、提高公众湿地保护意识、弘扬湿地生态文明的重要场所，也是开展湿地生态休闲、生态体验等不损害湿地生态系统的利用活动区域。合理利用区还包括湿地公园管理中心、安全保卫中心、医疗服务中心、广场、停车场等为湿地公园开展管理和服务活动的区域。

4.3.6 仙霞国家森林公园分级分类设置情况

4.3.6.1 基本概况

浙江仙霞国家森林公园位于江山市西南部的保安乡、张村乡和廿八都镇境内，北邻江郎山国家级风景名胜区，西与江西省交界，南与福建省浦城县相连，并向东延伸至全市海拔最高点——大龙岗尖。地理坐标为东经118°27′00″～118°40′00″，北纬18°15′00″～28°23′00″；规划总面积为3449.46ha（图4.7）。

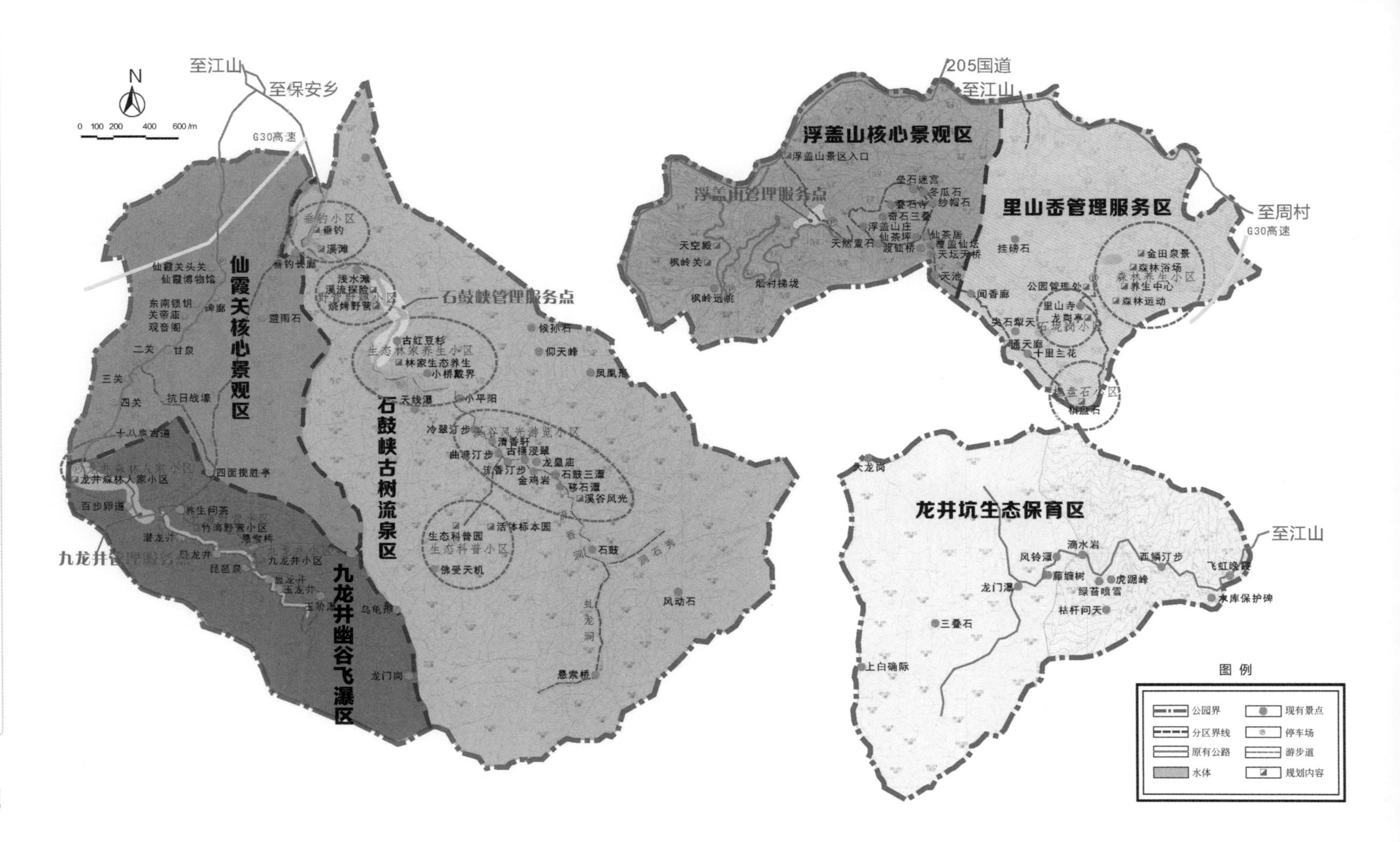

图4.7 浙江仙霞国家森林公园总体布局图

浙江仙霞国家森林公园由仙霞关、龙井坑、浮盖山三个区块组成，涉及3个乡（镇）5个行政村和江山市国有林场2个林区。除龙井坑林区和仙霞关一带有234ha林地属江山市林场外，其余山林权属均为村集体所有。森林公园大多已进行生态公益林建设，并规划设立了仙霞金钱松、龙井坑天然次生林、浮盖山自然景观等保护小区。

4.3.6.2 功能区划

根据仙霞国家森林公园风景资源分布状况、特色及道路交通、地理位置等特点，遵循森林公园总体规划指导思想和基本原则，为了便于风景资源的保护、开发利用和经营管理，便于旅游活动的组织与开展，将浙江仙霞国家森林公园分为2个核心景观区、2个一般游憩区、1个管理服务区和1个生态保育区（表4.11）。

表4.11 浙江仙霞国家森林公园功能分区现状

功能分区	范围	现状分析
仙霞关核心景观区	以仙霞雄关古道为中心轴线，北与保安乡接壤，东与石鼓峡古树流泉区相邻，南与九龙井幽谷飞瀑区相连，西为浙江仙霞国家森林公园边界，总面积约为439.45ha	该核心景观区是浙江仙霞国家森林公园中最有人文景观特色的景区，其古道、关隘保存最为完美，是浙江省的省级文物保护单位。该古道雄居于垂崖陡壁之中，保留有四道岭关，从岭南到岭北共有二十四个拐曲、一千多级台阶，仙霞关与剑门关、幽谷关、雁门关并称中国四大古关隘 截至2019年已建成并开放的景点有：仙霞古道、四个关隘、古炮台、古练兵场、岭头甘泉、率性斋旧址、浣霞池、观音阁、经堂、冲天苑、关帝庙、东南锁钥铜碑、黄巢雕像、碑廊、萧萧亭、落马桥、仙霞古道文化陈列馆、中美联军抗日纪念馆等。景点沿古道串联，内容比较丰富，基本能满足游客的需求
浮盖山核心景观区	东侧与里山岙管理服务区接壤，南侧与福建省相邻，西侧以205国道为界，北侧以溪口至周村公路为界，总面积约为449.18ha	该区是浙江仙霞国家森林公园的核心景观区之一，景观资源以石为主，遍地散布，可以说以石为峰、以石为脊、以石为洞、以石为景，无处不石、无石不景、无景不奇、无洞不怪，系古代地壳运动形成的原始生态景观。由于巨石堆积，因此形成景观有四怪，即云怪、石怪、洞怪、泉怪 该区现已经开展观光旅游，开放的景点有：莲花池、莲花洞、天然居、石破天惊、明古碑、五福石、放生池、叠石寺、石蛋坡、仙丐洞、垂帘洞、观景台、海枯石烂、浮盖石、风动石、苦泉、天池、观音石、草庐、风岭关、空海阁等。景区西侧与205省道相接，约6km上山公路直通到景区入口，入口处设有浮盖山庄、游客中心和售票亭，设有小型停车场两个，约能泊车30辆。服务接待点、游客中心等旅游基础设施基本能满足游客的需要
石鼓峡古树流泉区	东北以石鼓峡山脊分水岭为界，南与廿八都古镇相邻，西与九龙井幽谷飞瀑区和仙霞关核心景观区毗邻，总面积约为1221.83ha	该区为两山夹一沟的狭长景区，主沟约有10km长，植被繁茂，沟谷溪流水源充足，深潭瀑布较多，溪谷巨石遍地，长时间被水冲刷造型，溪中巨石千奇百怪、形态各异，生态环境优良。峡谷沟口平缓处，还留下了许多下山脱贫的农家宅院，为今天开发生态养生游打下了良好的基础
九龙井幽谷飞瀑区	该景区为浙江仙霞国家森林公园的主景区之一，东与石鼓峡古树流泉区相邻，南与廿八都古镇为界，西与达坞、龙溪行政村毗邻，北与仙霞关核心景观区相邻，总面积约为360.76ha	该景区主要位于龙井村至龙门岗一带，与仙霞雄关古道相连，可与之构成游览环路，景观资源人文类与地景类互补共享。该景区从北至南两山夹一沟，在长约3000m的溪谷中，密集分布着20多个瀑潭，瀑潭天然造型各异、大小不等、深浅不一，以泓澄可鉴如链珠般相连而称奇。其中有九潭深不可测，为九龙井

续表

功能分区	范围	现状分析
里山岙管理服务区	该服务区东和南均与福建省交界，西与浮盖山核心景观区相邻，北以205国道溪口至周村公路为界，总面积约为332ha	里山岙管理服务区森林植被主要以毛竹林为主，还有少量松杉混交林和经济林，海拔800m以上区域以常绿阔叶林居多。海拔300～500m区域，由于过去有里山、烟蓬两小山村的村民就住在山上，所以有部分油茶、果树、茶叶等经济植物。现在两个村的居民均已下山脱贫，农房已基本拆完，空出部分建设用地，但很快就会被竹林取代。区域内有里山寺，为二进庙宇，整座庙宇保存完好，香火旺盛
龙井坑生态保育区	该区位于张村乡龙井坑村，总面积为678.5ha	这里最低海拔600m，最高海拔1500.3m，高速公路和205国道均不及，交通非常不便。龙井坑村均已下山脱贫搬迁，原有的通道基本已不能通车。该区是浙江省目前保留面积最大的原始次生林之一，也是钱塘江支流的源头。根据浙江省人民政府《关于〈浙江省水功能区水环境功能区划分方案（2015）〉的批复》，该区主要是为了保障江山市城乡居民的饮用水安全，不能开发旅游

4.3.7 江山浮盖山省级地质公园分级分类设置情况

4.3.7.1 基本概况

江山浮盖山省级地质公园位于江山市南部的廿八都镇，总面积9.41km^2，地理坐标为北纬28°14′29″～28°16′13.1″，东经118°26′54.8″～118°29′58.8″。公园于2014年获原省国土资源厅批准建设，由叠石景区、枫岭景区、巾竹一里山景区三部分组成。景区内拥有91处地质遗迹和地质景观，其中磊石、洞穴、石坡等地貌景观具有极高的美学观赏价值。

江山浮盖山省级地质公园以类型特殊的花岗岩磊石地貌景观、历史悠久的枫岭关遗址及古道、群落典型的亚热带阔叶林植被为主要自然人文遗产，融合优良的丘陵山地自然生态环境、厚重的仙霞古道历史人文文化，具有奇特的美学观赏价值、突出的科学历史内涵、宜人的休闲度假功能，是具备国家级潜力的地质公园，同时也是国家级风景名胜区和国家级森林公园。综合而言，江山浮盖山省级地质公园是一个以保护地质遗迹、植物群落和人文遗址为主要任务，集科学研究、文化教育、观光游览和休闲度假四大功能于一体的综合性自然公园。

4.3.7.2 分类区划

在《江山浮盖山省级地质公园总体规划（2015—2025)》中，划定了2处地质遗迹保护区、1处生态保护区、5处史迹保护区（点）、2处史迹恢复点，分类分级保护公园的地质遗迹、植物群落和人文遗址（图4.8)。

4.3.7.3 分级区划

按景观资源的级别确定保护区的等级。将国家级地质遗迹景观资源、省级植被景观资源划为一级保护，并在其外围划出必要的缓冲保护区，按二级保护措施

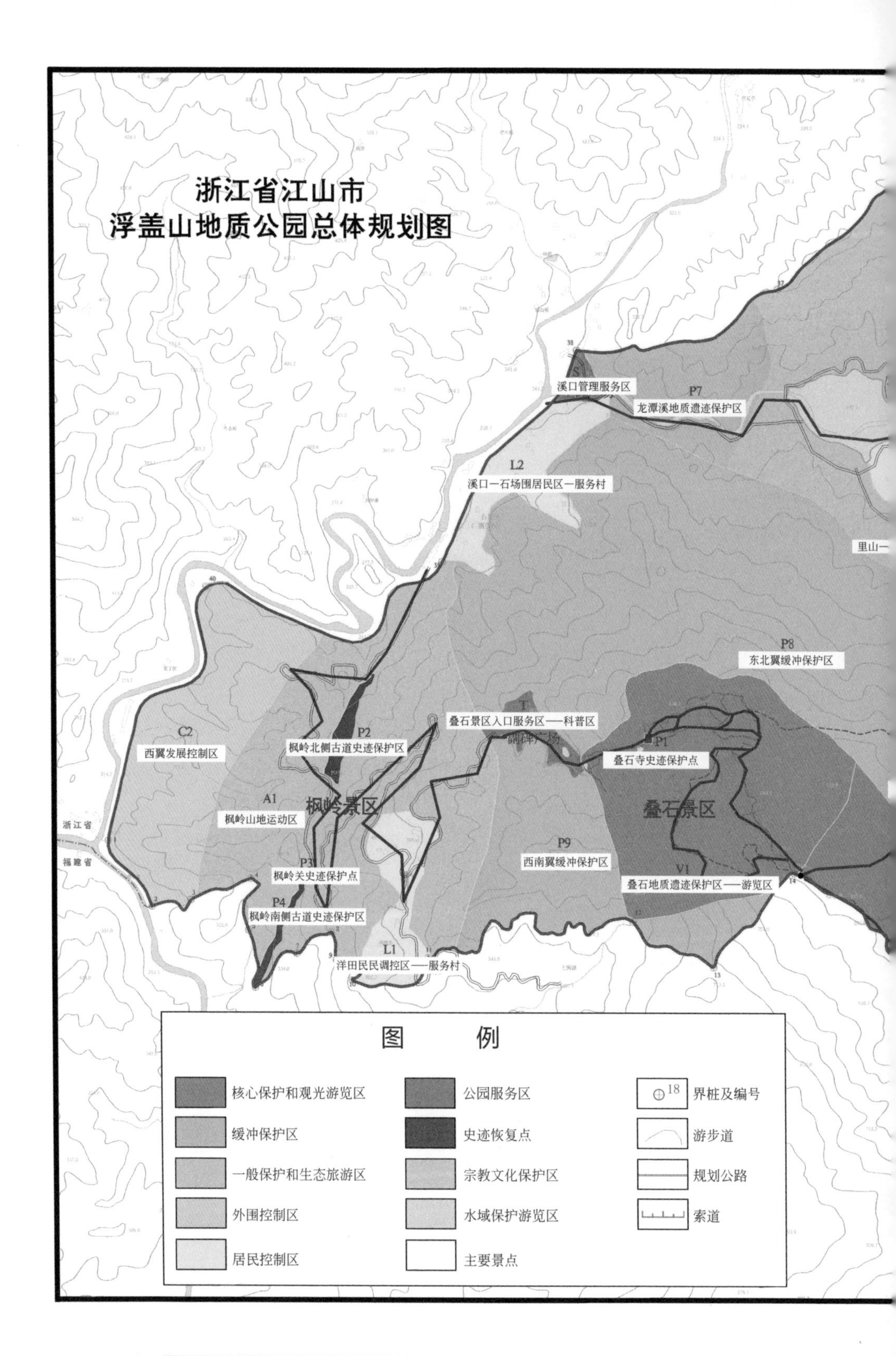
浙江省江山市
浮盖山地质公园总体规划图
溪口管理服务区
P7
龙潭溪地质遗迹保护区
L2
溪口—石场围居民区—服务村
里山—
P8
东北翼缓冲保护区
C2
西翼发展控制区
P2
枫岭北侧古道史迹保护区
叠石景区入口服务区——科普区
T
P1
叠石寺史迹保护点
A1
枫岭山地运动区
枫岭景区
叠石景区
浙江省
福建省
P3
枫岭关史迹保护点
P9
西南翼缓冲保护区
V1
叠石地质遗迹保护区——游览区
P4
枫岭南侧古道史迹保护区
L1
洋田民民调控区——服务村
图 例
核心保护和观光游览区
公园服务区
界桩及编号
缓冲保护区
史迹恢复点
游步道
一般保护和生态旅游区
宗教文化保护区
规划公路
外围控制区
水域保护游览区
索道
居民控制区
主要景点

图4.8 江山浮盖山省级地质公园总体规划图

保护。将省级及其他地质遗迹划为二级保护区（表4.12）；公园所有其他区域按三级保护措施保护；文物史迹点按照国家文物保护法等相关法规实行分级保护。

表4.12　浮盖山地质遗迹保护区划表

保护级别	保护区名称	面积/m²	保护措施
一级	叠石地质遗迹保护区	684636	① 在有道路进出保护区的界线处设置保护区界碑及解说牌，介绍主要保护对象及其主要价值，明确保护措施和禁止行为，增强人们的保护意识 ② 严禁建设与景观无关的设施，不得安排食宿床位。可在保护区内安置必要的步行道路、观景台、安全设施和简易的休息服务点，便于科学研究、科普教育和游览观光。监测游人对景观资源和生态环境的影响，控制游客数量 ③ 禁止农林渔业活动，不得进行任何与保护功能不相符的工程建设活动，不得进行矿产勘查开发活动，不得设立宾馆、招待所、培训中心、疗养院等大型服务设施 ④ 健全资源保护和灾害治理工程的审批制度，健全日常保护制度，责任落实到负责人
	棋盘山生态保护区	562801	
	枫岭关史迹保护点	2004	
二级	龙潭溪地质遗迹保护区	114090	① 在道路进出保护区的边界处设立保护界碑，明确保护措施和禁止行为，增加人们的保护意识 ② 限制旅游服务区、机动车道的建设，防止破坏景观资源和生态环境 ③ 限制与景观游赏无关的建筑，限制林业等生产活动，逐步恢复自然植被 ④ 不得进行任何与保护功能不相符的工程建设活动，不得进行矿产勘查、开发活动，不得设立宾馆、招待所、培训中心、疗养院等大型服务设施
	枫岭北侧古道史迹保护区	21444	
	枫岭南侧古道史迹保护区	12703	
	里山寺史迹保护点	1905	
	叠石寺史迹保护点	1190	
	缓冲保护区	2616336	
三级	白花岩庵史迹恢复点	1639	① 加强植被景观培育和生态环境恢复工作，控制农林渔业活动，不得有毁林开荒、乱砍滥伐、污染水源等破坏环境的行为 ② 有序建设各项旅游服务设施，保持与环境相协调。控制休闲度假等旅游项目的开展，预防超过环境容量 ③ 控制社区建设和居民人口数量，引导生态观光农业、林业及旅游服务产业 ④ 不得进行任何与保护功能不相符的工程建设活动，不得进行矿产勘查、开发活动
	早畈头史迹恢复点	10909	

4.4　现状问题总结

（1）保护地范围重叠，一地多牌

在江山市的7处自然保护地中，共有5处存在范围重叠（表4.13）。保护地范围的重叠，不仅会对规划编制、场地设计等工作产生影响，更会造成严重的管理内耗，从而不利于自然保护地体系的统筹规划与整体运转。

自然保护地边界范围重合问题及其之后的整合，需要解决的问题是多方面的。其不只是空间范围上的统一和边界的调整、优化，还涉及整合过程中针对重叠区域的取舍，以及整合之后保护地的功能区划、统一管理、权属等诸多问题。

表4.13 自然保护地范围重叠情况统计

重叠区块	重叠部分自然保护地名称	重叠部分面积/km²
A	江郎山国家级风景名胜区——峡里湖景区、浙江江山港省级湿地公园	约5.82
B	江郎山国家级风景名胜区——仙霞岭景区、仙霞国家森林公园——仙霞关区块	约9.42
C	江郎山国家级风景名胜区——浮盖山景区、仙霞国家森林公园——浮盖山区块、江山浮盖山省级地质公园	约7.29
D	江山仙霞岭省级自然保护区、仙霞国家森林公园——龙井坑区块	约6.46

（2）边界衔接不一致，精度待提升

现有自然保护地的空间矢量数据在精确度上存在一定问题，导致局部边界衔接不一致。例如，江郎山国家级风景名胜区——浮盖山景区、江山浮盖山省级地质公园、仙霞国家森林公园——浮盖山区块，三者在与江山市域范围的衔接部分并不完全重合，而是存在一定出入，从而造成在空间范围上的误差。因此，在自然保护地整合的过程中，需要严格对比原有边界与现状土地的利用情况，并进行适当的调整与优化。

（3）保护地分级分类差异大，标准不统一

首先，在江山市现行的自然保护地总体规划中，仅江郎山国家级风景名胜区和江山浮盖山省级地质公园进行了较为完整的保护地分级与分类区划，其余自然保护地仅进行了常规的功能区划，对资源的分类保护则主要通过专项规划体现。其次，各自然保护地分区的标准不统一，造成分区名称多样，且在自然保护地的重叠部分体现得更为显著（表4.14）。

表4.14 江山市自然保护地分级分类情况

保护地名称	分区名称	分区性质	分区标准
江山仙霞岭省级自然保护区	核心区 缓冲区 实验区	分级	《自然保护区总体规划技术规程》（GB/T 20399—2006）、《自然保护区功能区划技术规程》（LY/T 1764—2008）
江郎山国家级风景名胜区	一级保护区 二级保护区 三级保护区	分级	《风景名胜区总体规划标准》（GB/T 50298—2018）
	自然景观保护区 史迹保护区 风景恢复区 风景游览区 发展控制区 外围保护地带	分类	风景资源的类型

续表

保护地名称	分区名称	分区性质	分区标准
江山金钉子地质遗迹省级自然保护区	核心区 缓冲区 实验区	分级	《中华人民共和国自然保护区条例》《浙江省自然保护区管理办法》《地质遗迹保护管理规定》
浙江江山港省级湿地公园	生态保育区 恢复重建区 合理利用区	分级	《湿地公园总体规划导则》（林湿综字[2018]1号）
仙霞国家森林公园	核心景观区 一般游憩区 管理服务区 生态保育区	分级	风景资源分布状况、特色及道路交通、地理位置等
江山浮盖山省级地质公园	地质遗迹保护区 生态保护区 史迹保护区 史迹恢复点	分类	风景资源的类型
	一级 二级 三级	分级	风景资源的级别

（4）管理机构混杂，两极分化严重

江山市自然保护地的管理机构设置并不均衡，存在较严重的两极分化现象。具体表现为，江山仙霞岭省级自然保护区、江郎山国家级风景名胜区同时存在3个管理机构，浙江江山港省级湿地公园、仙霞国家森林公园并未按照总规要求设置相应的管理机构。且江郎山国家级风景名胜区和江山浮盖山省级地质公园存在重叠，其对重叠区域的管理必然存在辖区、责权等方面的交叉与内耗。

第 5 章

自然保护地
布局优化及边界划定

5.1 自然保护地整合归并原则与布局优化评估

5.1.1 相邻自然保护地整合原则

根据《关于建立以国家公园为主体的自然保护地体系的指导意见》（以下简称《指导意见》），首先对相邻相近的自然保护地进行整合。整合可主要参照以下规则进行：

① 处于同一地理单元且空间位置相邻的保护地优先整合，消除由于行政地域割裂造成的外部性；

② 生态系统连续完整、生态过程联系紧密，物种栖息地相通的保护地优先整合，消除由于部门分治造成的保护地孤岛化、碎片化问题；

③ 保护对象的类型属性与保护地设置目标相似的保护地优先整合，消除由于部门分治、保护出发点与逻辑不同造成“一地多牌”、管理重叠混乱的问题；

④ 优先整合共同管理条件较为优良的保护地，考虑现实管理建设条件，对跨区域、跨部门协同协作机制较为完善、管理主体事权归属较为清晰的保护地优先整合。

5.1.2 重叠区域的处理原则

根据《指导意见》，在相邻自然保护地整合后，对其中的重叠区域按“强度不减、面积不少、性质不变”的原则进行处理。

① 强度不减。按照同级别保护强度优先、不同级别低级别服从高级别的原则，进

行重叠区初步整合（含内部功能与管制分区整合，整合具体规则见5.2的相关内容）。

② 面积不少。优先保障核心区、重点生态保育区、生态红线划定区域等底线性管控空间的落实与延续，将周边相邻地带纳入共同评估范围，保障核心保护目标的生态系统与物种结构完整性。

③ 性质不变。设置优先序规则，确定重叠区域整合后的保护地主导功能❶，可按照如下规则：局部性质服从系统全局性质，消除由于行政地域割裂造成的外部性；单要素保护服从多要素耦合保护，消除由于部门分治造成的外部性；低敏感性（安全性）保护对象服从高敏感性（安全性）保护对象，消除由于自下而上申报导致保护地空缺造成的外部性。通过优先序规则重新明确整合后自然保护地的主导功能、目标保护对象，从而确定具有针对性的保护措施，如建议的分区方式及比例、核心分区的布局结构等。

5.1.3 空间布局优化评估原则

按照确定的主导功能与目标开展栅格评价，从而确定自然保护地设立的适宜性地带筛选思路。栅格评价可参考基础与过程管理（Foundation-Process Management，FPM）的评价模型（图5.1）。自然保护地既是生态安全保护的底线，又是为人类提供休闲、游憩、科普、教育等服务的重要场所，因而需重点着眼于保护地用途管制与当地社区发展，重点解决生态脆弱区与旅游开发、商业经营等活动之间的冲突，识别自然保护地社会经济发展与生态保护任务相协调过程中的主要矛盾，以最小的资源代价获取生态、社会和经济效益的最大化（张丽荣等，2019）。

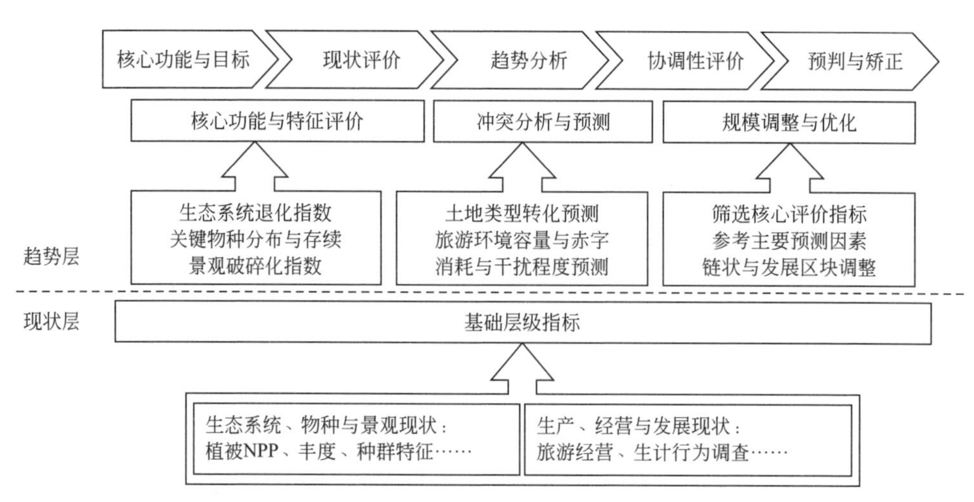

图5.1 自然保护地基础与过程管理(FPM)评价模型示意图（张丽荣等，2019）

❶ 可参考《全国生态功能区划》或其他区域型空间规划中界定的主导功能分区。如《全国生态功能区划》提出五个生态调节主导功能区（水源涵养、土壤保持、防风固沙、生物多样性保护、洪水调蓄）、两个产品提供主导功能区（农产品提供、林产品提供）、两个人居保障主导功能区（大都市群、重点城镇群）。

由于自然保护地体系建设是新时代国土空间规划体系的重要组成部分，《中共中央国务院关于建立国土空间规划体系并监督实施的若干意见》要求自然保护地专项规划在编制和审查过程中需加强与有关国土空间规划的衔接及“一张图”的核对。而根据《自然资源部办公厅关于开展国土空间规划“一张图”建设和现状评估工作的通知》（自然资办发〔2019〕38号）进一步明确了各级各类国土空间规划编制及其生态保护红线、永久基本农田、城镇开发边界、自然保护地和历史文化保护范围的划定等内容均须与一张底图对应。由于“三线”管控是国土空间规划体系的核心底线性空间管制内容，自然保护地的空间布局不仅对生态红线的划定具有重要参考意义，也将对永久基本农田核定与城镇开发边界划定产生重要影响。按照原环保部《生态保护红线划定技术指南》中的指导意见，国家级自然保护区原则上全部纳入生态保护红线，而湿地公园、文化自然遗产、风景名胜区、森林公园、地质公园、历史遗迹、生态公益林、水源保护区等其他类型保护区应根据生态保护重要性评估结果并结合内部管理分区，综合确定纳入生态保护红线的具体区域范围。因此，自然保护地是生态红线范围内重要的组成部分，而生态红线的确定也需要综合考虑耕地保护和建设用地增长的需求。

基于上述情况与我国国土空间开发保护制度建设要求，下文将主要介绍基于“三线”协调思路下对于保护区范围初步候选区筛选的栅格评价思路。首先从不同类型边界划定的目标、准则、指标出发，针对区域内的所有用地图斑，有选择性地对生态红线、耕地、建设用地的适宜性进行评价，确定图斑限制类或适宜类，为边界冲突协同优化方案的制定奠定基础。边界冲突评价是斑块尺度的评价，基于不同用地适宜性的冲突评价方法，对区域内图斑的不同用地适宜性进行比较分析，为规划编制中协调安排各类用地、预防和减少规划实施管理中的各类冲突提供科学依据（刘巧芹等，2014）。

5.2 基于“三线”协调的自然保护地范围初步候选区域筛选

5.2.1 评价目的

基于冲突类型的用地评价是在已得到的冲突类型的基础上，对冲突图斑的生态用地需要、耕地需要、城市发展需要进行评价和比较，以解决冲突图斑的规划方向问题。其目的是为上述问题的解决提供量化的评价指标，为边界冲突协调、规划提供科学决策的参考。

5.2.2 评价对象

本部分的评价单元为区域内用地图斑。图斑的面积在几百到几百万平方米之间。

5.2.3 评价指标体系构建

5.2.3.1 指标体系构建原则

评价指标的确立是评价的基础和关键，直接影响到评价的客观性和可靠性，决定了评价结果是否能够反映冲突图斑的主要特征和基本状况。指标体系的构建可以遵循以下原则。

① 科学性原则：指标的选择应满足层次分明、方法科学、意义明确的要求，以保证所得结果真实客观。尽可能利用RS、GIS等空间分析技术完成分析过程，并将结果进行定量化表达（傅强，2013）。

② 针对性原则：用地决策受生态系统、城市系统等多个系统的相互影响，各个系统之间联系复杂。为避免多重共线性问题，在指标选取过程中，应针对不同的冲突类型，尽量选择对冲突图斑规划决策具有绝对意义的指标。

③ 数据的可获得性原则：因为评价对象为冲突图斑，具有尺度小、类型多、范围广等特点，而现有规划、土壤、社会经济等基础数据多为大中尺度，因此在指标选择过程中需着重考虑数据获取的难易程度，所选择的指标应能得到具有满足研究需求精度的数据支撑（傅强，2013）。

④ 可操作性原则：在指标选取时，应充分考虑指标所对应的数据在空间上的可表达性与精确度，使评价结果易于被研究人员识别。

⑤ 中小尺度原则：研究区内用地图斑面积多为几百至几百万平方米，区域等级和规模都具有很大差距，而地理要素在不同尺度发挥不同甚至相反的作用。在大尺度区域评价工作中，气候、地貌、经济、地理位置等要素是区划的主要依据，然而在中小尺度范围内，图斑的气候、地貌、经济等特点差异较小，依据这些要素将无法进行合理、准确的评价。因此，在图斑尺度范围内，评价应强调图斑的立地条件及邻域环境对其的影响，使得评价结果更具有实用性。

5.2.3.2 指标体系内容选取

生态用地、耕地和建设用地在划界过程中所考虑的因素不同，对同一地块的土地利用规划差异是造成冲突图斑产生的根本原因，因此能够准确评价同一地块上不同用地类型的适宜程度是评价指标选取的根本依据。不同用途土地的适宜性程度高低取决于土地资源自身的自然因素、交通条件、空间位置等多个因素。同时，不同用途的影响因子不同，同一影响因子对于不同土地用途的作用程度也不同。立足于此，著者参考自然资源部关于资源环境承载能力和国土空间开发适宜性评价技术指南，对于不同边界划定的参考依据及其边界冲突类型和特征进行了详细的研究和分析，根据不同的冲突类型，结合江山市数据可及性，选取了差异化指标（表5.1 ～表5.3）。与此同时，考虑评价对象为图斑，应选择基于图斑尺度的适宜性影响因素，并注重将能够反映邻域对冲突图斑影响的因素纳入评价指标体系之内。

表5.1　生态适宜性评价指标体系

目标层	准则层	因素层		因子层
生态功能重要性竞争力评价	水源涵养和水土保持区、防风固沙区	自然条件	植被因素	植被覆盖度
				植被覆盖类型
			地形因素	坡度
				坡位
				坡长
			土壤因素	土壤质地
				土壤厚度
			自然区位因素	距河流距离
				距湖泊、水库距离
				距坑塘距离
				距现有划定保护地和生态红线距离
		景观格局	斑块自身特点	斑块大小
				斑块形状指数
			斑块聚集程度	聚集度
				分离度
	生物多样性保护区	自然条件	资源状况	地表覆盖类型
				水网密度
				植被覆盖度
			物种分布	物种多样性
				物种稀有性
				物种分布集中度
				生境自然性
		景观格局	斑块自身特点	斑块大小
				斑块形状指数
			斑块聚集程度	斑块破碎度
				斑块景观多样性
		网络连通作用		斑块中心度
				介数指数
				关联长度指数

表 5.2　耕地适宜性评价指标体系

目标层	准则层	因素层	因子层
耕地适宜性评价	限制性因素	规划因素	是否位于自然保护区
			是否位于森林公园
			是否位于国家级风景名胜区
			是否位于一级、二级水源保护区
			是否位于退还林区
		自然条件	坡度是否大于15°
	适宜性因素	农业耕作条件	坡度
			土壤有机质含量
			表层土壤厚度
		区位因素	距道路距离
			距河流距离
			距水库距离
			距最近村庄距离
		规划因素	现状用地是否为耕地
			耕地改造成本
		几何特征	图斑大小
			图斑形状指数
	邻域影响因素	—	缓冲区内最大面积地类
			缓冲区内最大周长地类
			缓冲区内耕地面积占比
			缓冲区内耕地斑块密度
			缓冲区耕地斑块聚集度

表 5.3　建设用地适宜性评价指标体系

目标层	准则层	因素层	因子层
建设用地适宜性评价	限制性因素	规划因素	是否位于自然保护区
			是否位于森林公园
			是否位于国家级风景名胜区
			是否位于一级、二级水源保护区
			是否位于基本农田保护区
		自然条件	是否为自然灾害频发区

续表

目标层	准则层	因素层	因子层
建设用地适宜性评价	适宜性因素	城镇建设条件	坡度
			高程
			地形起伏度
		区位因素	距道路距离
			距河流距离
			距水库距离
			距主城区距离
		规划因素	现状用地是否为建设用地
			建设开发成本
		几何特征	图斑大小
			图斑形状指数
	邻域影响因素	—	缓冲区内最大面积地类
			缓冲区内最大周长地类
			缓冲区内已有建设用地面积占比
			缓冲区内已有建设用地斑块密度
			缓冲区建设用地斑块聚集度

5.2.4 指标标准化与权重配赋方法

5.2.4.1 指标标准化

用地竞争力评价指标的分值有多种计量单位，为便于比较和综合分析计算，需要对指标进行标准化处理，标准化为0～100之间的无量纲数值。

一般采用极值线性标准化，标准化公式如下：

$$H_i=\frac{Z_i-Z_{\min}}{Z_{\max}-Z_{\min}}\times 100 \tag{5-1}$$

式中，H_i为标准化值；Z_i为指标计算值；$Z_{\min}$为指标最小值；$Z_{\max}$为指标最大值。

① 对于长度、个数等数值型指标计算结果，直接按上式进行标准化，标准化后为无量纲分值。

② 对于比例、密度等指标计算结果，按上式进行标准化，标准化后为无量纲分值。

③ 对于无量纲指数型指标计算结果，如斑块中心度、斑块形状指数等，按照指数数值和上述公式进行标准化，标准化后为无量纲分值。

在冲突图斑竞争力评价计算时，以全市范围内的指标最小值和指标最大值进行标准化，标准化后的指标值在全市范围内具有可比性。

5.2.4.2 权重配赋方法

权重采用层次分析法（AHP）确定，通过对指数、分指数、分指数指标相对重要性进行判断，组成判断矩阵，计算权重值。使用层次分析法，要求判断矩阵必须通过一致性检验。其工作流程如图5.2所示。

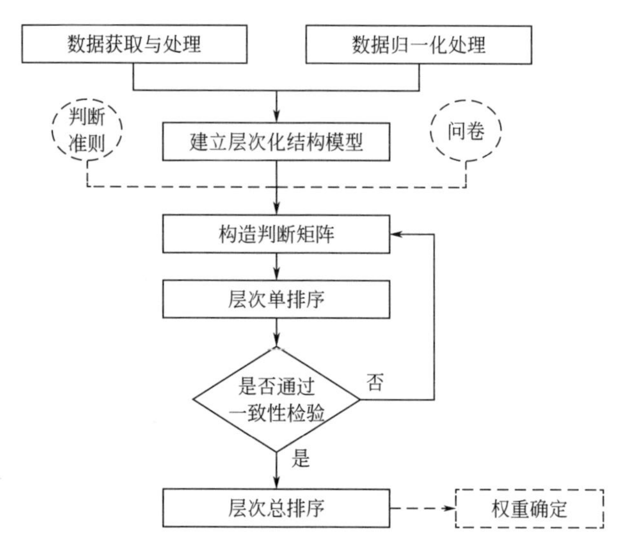

图5.2 层次分析法（AHP）工作流程

5.2.5 评价模型

5.2.5.1 各类用地适宜性评价模型

各类用地适宜性综合指数是在考虑限制性因素、适宜性因素和邻域影响因素综合作用的基础上进行计算的，公式为：

$$S_i = C_i \times T_i \times N_i = \prod_{j=1} c_{i,j} \times \left(\sum_{k=1} t_{i,k}\,\varpi_{1k}\right)\left(\sum_{l=1} n_{i,l}\,\varpi_{2l}\right) \tag{5-2}$$

式中 S_i——冲突图斑对于第i种地类的适宜性，i代表生态用地、耕地、建设用地中的某种用地；

C_i、T_i、N_i——限制性因素、适宜性因素、邻域影响因素得分；

$c_{i,j}$——第j个限制性因子对于第i种用地的限制类型，是取值0或1的二分变量，取值0代表限制第i种地类存在，取值1代表不限制第i种地类存在；

$t_{i,k}$——第k个适宜性因子对于第i种用地的适宜性程度，对于正向相关指标，$t_{i,k}$=第k项指标的归一化值，对于反向相关指标，$t_{i,k}$=（100−第k项指标的归一化值）；

ϖ_{lk}——第k个适宜性因子的权重，由层次分析法得到；

$n_{i,l}$——第l个邻域因子对于第i种用地的影响程度，对于正向相关指标，$t_{i,k}$=第k项指标的归一化值，对于反向相关指标，$t_{i,k}$=（100-第k项指标的归一化值）；

ϖ_{2l}——第l个邻域影响因子的权重，由层次分析法得到；

j、k、l——分别代表限制性因子、适宜性因子和邻域影响因子的个数。

5.2.5.2 适宜地类

在计算冲突图斑各类用地竞争力的基础上，采用冲突图斑适宜地类判别矩阵对冲突图斑的适宜地类进行定性评价。判别矩阵可以是二维的，也可以是多维的。对于每种适宜性评价比较情形，根据判别矩阵都能产生一种适宜地类，从而为指导冲突图斑用地调整提供依据。在边界冲突情形中，需比较耕地、建设用地、生态用地三种适宜性评价结果进行判定。而对于“两线”冲突结果，则可以根据边界判别矩阵选择两种适宜性评价结果进行判定。适宜地类判别矩阵如表5.4所示。

表5.4 适宜地类判别矩阵

类型编码	用地适宜性组合			适宜地类	土地利用调整说明
	建设用地适宜性	耕地适宜性	生态用地适宜性		
1	强	强	强	生态用地、耕地	三类用地均适宜，当与生态用地冲突时，应遵循自然保护的原则，保持原有生态用地。在没有生态用地冲突的情况下，考虑到耕地也具有一定的生态服务价值，应维持原有耕地
2	强	强	弱	建设用地、耕地	建设用地和耕地均适宜区，由于建设用地的比较优势明显，生态保护迫切度不高，耕地转化为建设用地的可能性较大，因此除建设用地外的其他用地可考虑转化为建设用地，当没有建设用地冲突时，耕地可维持或者将其他用地转化为耕地
3	强	中	强	生态用地、建设用地	生态用地和建设用地的适宜性均很强，因为建设用地的比较优势明显，其扩展的可能性高，但应考虑自然保护原则，因此应考虑维持原有生态用地或将其他用地转化为生态用地，当没有生态用地冲突时，可以考虑将其他用地转化为建设用地
4	强	中	弱	建设用地、耕地	建设用地具有较为明显的优势，扩张可能性高，因此可以考虑将其他用地转化为建设用地；当没有建设用地冲突时，维持原有耕地或将其他用地转化为耕地
5	强	弱	强	生态用地、建设用地	生态用地和建设用地的适宜性均很强，因为建设用地比较优势明显，建设用地扩展的可能性高，但应考虑自然保护原则，因此应考虑维持或转化为生态用地；当没有生态用地冲突时，可以考虑转化为建设用地
6	强	弱	弱	建设用地、原有地类	建设用地具有明显的优势，扩张可能性高，可以考虑将其他用地转化为建设用地；当没有建设用地冲突时，可以考虑维持原有地类

续表

类型编码	用地适宜性组合			适宜地类	土地利用调整说明
	建设用地适宜性	耕地适宜性	生态用地适宜性		
7	中	强	强	生态用地、耕地	建设用地和生态用地的比较优势明显，但遵循生态优先的原则，可以考虑将其他用地转化为生态用地；当没有生态用地冲突时，可以考虑维持原有耕地或者将其他用地转化为耕地
8	中	强	弱	耕地、建设用地	耕地具有较为明显的优势，应维持原耕地；当没有耕地冲突时，可以考虑将其他用地转化为建设用地
9	中	中	强	生态用地、耕地	生态用地维持能力较强，应维持原生态用地；当没有生态用地冲突时，根据耕地保护优先的原则，考虑将其他用地转化为耕地
10	中	中	弱	耕地、建设用地	生态用地维持能力较弱，建设用地和耕地的适宜性相当，但应当遵循耕地保护优先的原则，尽量保持原有的耕地不受侵占；当没有耕地冲突时，可以考虑将其他用地转化为建设用地
11	中	弱	强	生态用地、建设用地	生态用地具有较为明显的优势；当没有生态用地冲突时，可以考虑将其他用地转化为建设用地
12	中	弱	弱	建设用地、原有地类	由于建设用地的比较优势，土地维持或转化为建设用地的可能性高；当没有建设用地冲突时，考虑维持原有地类
13	弱	强	强	激烈冲突	耕地与生态用地激烈冲突，建设用地扩展的可能性较低；由于耕地具有产出率比较优势且区域内耕地资源短缺，宜农未利用地转化为耕地的可能性较大，但转化的可能性由耕地与生态用地两类政策的力度对比决定
14	弱	强	弱	微弱冲突	耕地具有明显的优势，应当维持原耕地或者将其他用地复垦为耕地
15	弱	中	强	生态用地、耕地	生态用地具有较为明显的优势，应维持原生态用地，或考虑将土地整理为生态用地；当没有生态用地冲突时，土地应维持或者转化为耕地
16	弱	中	弱	耕地、原有地类	耕地适宜性高，土地应维持或者转化为耕地；当没有耕地冲突时，维持原有地类
17	弱	弱	强	生态用地、原有地类	生态用地具有明显的优势，应维持原生态用地，或考虑退耕或将土地整理为生态用地；当没有生态用地冲突时，维持原有地类
18	弱	弱	弱	现状地类	维持土地利用现状的可能性较大

5.3 自然保护地边界优化的评定参考要素

5.3.1 影响边界划定的核心因素

综合已有文献资料对自然保护地布局优化的研究，确定影响自然保护地边界划定的三大核心因素分别是资源本底特征、遗产资源特征和建设管理条件。

5.3.1.1 资源本底特征

资源本底特征着重从自然地理的本底条件出发进行考量，是构建自然生态空间保护框架的基石。地形地貌、水文流域、土壤、动植物区系等相对一致的自然地理小区是自然保护地建设的基本单元（郭子良，2016），可以为自然保护地的建设布局与边界优化提供基础分析单元，在一定程度上保证了自然生态系统的完整性。资源本底特征的考察主要关注以下两方面要素。

① 地形地貌单元。关注地貌单元与地质构造单元的相对一致性与完整性，分地形地貌条件与地质条件提取可能对自然保护地边界产生影响的基本要素。具体而言，地形地貌条件方面，应关注可能对生态生物分异产生重大影响的高程坡度、山形水势等；地质条件方面，则关注重大构造线、断层的空间分布。

② 自然资源区划。关注研究区域基本自然资源的空间分布情况与区划特征。具体而言，分水文流域、土壤条件、植被条件三方面提取可能对自然保护地边界产生影响的基本要素。其中，水文流域作为承载较为完整的生态系统活动过程的地域单元，常被作为基础分析单元被广泛运用于各类生态分析与评价中，强调生态保护修复中的上下游联动、岸上按下联动；土壤条件与水文流域相联动，是影响生态系统物质能量过程与物种栖息繁育最为基础的要素之一，因而土壤条件的空间分异与区划情况也应纳入考量；植被条件是反映自然地理环境的“镜子”，也是生物栖息环境的构成主体，林地在自然保护地所有用地类型中占比达60%以上，因而植被条件的空间分异与区划情况需纳入考量。

5.3.1.2 遗产资源特征

遗产资源特征着重从自然保护地的保护目标角度出发进行考量，生态系统的原真性与完整性和生物的多样性是自然保护地的直接保护对象，其空间特征是指导自然保护地边界划定的重要依据。综合《指导意见》对国家公园、自然保护区和自然公园三类自然保护地的主要保护目标提出的要求，对遗产资源特征的考察主要关注以下三方面因素。

① 生态系统完整性保护。为保证所要保护的核心生态系统结构、过程与功能的完整，至少需要提取生态系统斑块、廊道、基质三方面空间要素对自然保护地边界划定进行指导与规范。其中，生态系统斑块关注生态源地、生态脆弱区与敏感区的分布，生态系统廊道关注水系等重要的生态系统物质能量联系通道，生态系统基质则关注足够支持某一个或几个核心生态系统完整性的自然环境本底的范围界限。

② 生态物种多样性保护。在空间上需着重提取物种保护的核心斑块与廊道，此外还需保障物种结构的复杂度与完整度不被保护地边界切割破坏，即要求垂直或水平谱。物种保护核心斑块关注重点保护动植物分布的高密度区和重要栖息地，物种保护廊道则关注重点保护动物迁徙或溯洄的通道，二者都可能具有季节性，可探索设置季节性管制分区划定制度。

③ 特色景观遗迹保护。考虑我国保护地体系的特殊性（具有大量“天人合一”的宝贵自然文化遗产），需从自然景观与人文景观两方面出发提取可能对自然保护地边界产生影响的要素。其中，自然景观重点关注特色自然遗迹和自然景观的密集分布区，此外还需考虑各个自然遗迹或自然景观点之间的内在联系性和空间分异特征，避免孤岛化、碎片化保护；人文景观同样需要关注其密集分布区、内部连通廊道和文化生态分区情况。

5.3.1.3 建设管理条件

建设管理条件着重从现实制约的角度出发进行考量，自然保护地的管理现状与建设条件是实行新的空间管制制度成本的重要影响因素，直接决定了自然保护地的边界能否严格有效落实。对自然保护地边界的调整是一次在既有保护地建设成果与现状问题之上的优化与重构，因而需要把握“连续、稳定、转换、创新”的原则，对建设管理条件的考察主要关注建设管理的延续性和协调性两方面因素。

① 建设管理的延续性，考虑既有自然保护地设置的边界与分区管制边界的参考意义，同时考虑自然保护地内土地权属边界、自然资源开发经营权属边界、旅游游憩特许经营权权属边界对未来自然保护地边界优化可能造成的影响，尤其是将自然保护地空间管制强度升级时需充分考虑其对保护地既有土地发展权的制约，评估实现相关权属转换需要的成本。此外，自然保护地边界的优化还需参考当前行政边界的设置情况和高等级道路的围限切割作用。

② 建设管理的协调性，考虑自然保护地边界优化过程中可能与其他类型空间管制制度产生的冲突，尽可能避免将严重冲突区划入自然保护地边界或核心保护区边界内。其中，在土地利用现状方面，可提取自然保护地内部或周围乡镇、行政村和自然村的建设布局，以及历史文化遗址保护区、永久基本农田、生态保护红线、探矿权和采矿权等的设置情况；在未来的国土空间规划方面，还应考虑近期重大项目规划情况和重要管制线划定情况等。

5.3.2 边界优化参考要素选取

围绕上述几大核心因素，选取自然保护地边界优化评定的具体参考要素，展开矢量综合评价。选取边界优化参考要素时，应充分把握重构的三要素——逻辑、法理、技术手段，遵循重构的四原则——连续、稳定、转换、创新。具体而言，参考要素的选取原则包括以下几点。

① 矢量特征。提取的参考要素应尽量为具有明晰边界的斑块、走向清晰的线性廊道、异质性显著的分区等，能为自然保护地边界的优化提供更为精细化的参照。

② 相对稳定性。提取的参考要素应尽量基于在空间上相对稳定存在的地物生成，以保证边界划定的科学性与权威性、管制措施的稳定性与可延续性。

③ 现实可操作性。提取的参考要素应为定义准确清晰且具有共识的、基于现有地理空间测绘手段或国土空间数据库可明确提取的、技术处理方法较为成熟的要素，以保证边界优化的现实可操作性。

综合以上几点，自然保护地边界优化参考要素的选取建议如表5.5所示。

表5.5 自然保护地边界优化可参考要素

一级类	二级类	三级类	可参考要素
资源本底特征	地形地貌单元	地形地貌条件	高程、坡度、坡向、山脊线、山谷线、重要河流线、林线、雪线
		地质条件	构造线、断层、渗漏条件
	自然资源区划	水文流域	流域系统分界线（分析分水岭，汇水盆地、集水能力等）、水源涵养区、大型湖泊湿地斑块、地下水保护区
		土壤条件	土壤区划、土壤厚度、土壤硬度
		植被条件	植被区划、森林覆盖度、植被郁闭度、林分结构（按林龄划分）
遗产资源特征	生态系统完整性保护	生态系统廊道	生态系统物质能量联系通道（如重要水系）
		生态系统斑块	生态源地、生态系统脆弱与敏感区
		生态系统基质	生态系统分布界线，足够支持生态系统完整性的自然环境本底
	物种多样性保护	物种保护斑块	重点保护动植物分布密度、栖息地（可能具有季节性）
		物种保护廊道	重点保护动物迁徙或溯洄的通道（可能具有季节性）
		群落复杂性	种类丰富度、结构复杂度分异
		生物完整性	捕食种、食腐质种等各类物种的完整度分异
	特色景观遗迹保护	自然遗迹或自然景观特征	自然遗迹或自然景观分布密集区、自然景观连通廊道、自然地貌观分区情况
		人文景观特征	人文景观分布密集区、文化景观连通廊道、文化生态分区情况
建设管理条件	建设管理延续性	保护地设置情况	现有自然保护地建设情况、分区管制情况
		土地权属	土地（林地）权属情况、集体用地开发强度、生态移民成本

续表

一级类	二级类	三级类	可参考要素
建设管理条件	建设管理延续性	自然资源开发经营权属	私人或集体所有自然资源经营权情况、开发强度、地役权设置成本
		旅游游憩特许经营权属	现有特许经营权设置情况、开发强度、地役权设置成本
		行政管理事权边界	各级行政区边界、地方政府跨区域协同组织的事权空间边界
	建设管理协调性	土地利用现状	乡镇、行政村和自然村的建设情况
			重要道路交通的围限与切割情况（穿行等级）
			历史文化遗址保护区的设置情况
			永久基本农田的设置情况
			探矿权和采矿权的设置情况
			生态保护红线的设置情况
		国土空间规划	近期重大项目规划情况
			重要管制线划定情况

5.4 自然保护地边界优化技术流程

5.4.1 资源本底评估与初次聚合优化

首先，依据资源本底单元区划，综合考虑地貌、土壤和植被特征，使得具有相似特征的地貌、土壤和植被的分析单元能够形成聚类。

其次，将确定的保护地划定候选区域（即生态适宜性用地）划分为两部分：位于原有保护地以内的区域（PIN）和位于原有保护地范围之外的区域（POUT）。

再次，依据资源本底特征的相似性，对所有位于原有保护地之外的图斑进行重新归类，分为潜在保护地图斑和非保护地图斑两类。相似性按照下列公式计算：

$$\mathrm{Sim}(m,T)=\frac{1}{1+\sqrt{\sum_{p=1}^{q}\left(V_{mp}-V_{Tp}\right)^{2}}} \tag{5-3}$$

式中，V_{mp}为图斑m的第p个特征的值；V_{Tp}为PIN或者POUT的第p个特征的平均值；q为特征数；m为图斑编号；T为指标分类；Sim为待分类图斑m与已有分类T的相似性。对于当前待考察图斑m，分别计算其与PIN和POUT的相似性，将相似性高的作为当前考察图斑m的归类依据。

5.4.2 自然保护地元素与资源基底聚类的相交

提取自然保护地的现有元素，与资源基底聚类结果进行相交优化，具体可分为保护地的保护对象类要素与管制条件类要素两种类型分别提取。

对于保护对象类要素的提取，应结合全国森林、草原、湿地、荒漠、海洋等自然生态系统调查，全国野生动植物及栖息地调查，全国地质遗迹调查提供的基础资料，明确保护地内各类重要自然生态系统、重要野生动植物栖息地、重要地质遗迹、重要自然景观的分布数量、保护价值与地理分布。结合自然保护地的主要功能定位与核心保护目标，确定保护目标遗产资源特征提取的优先级，优先保障核心保护目标的完整性、原真性、连通性和系统性，进而从生态系统特征、重要动植物分布特征和特色景观遗迹分布特征三方面提取参考要素，对自然保护地边界进行聚合、平滑与二次优化。具体而言，对生态系统特征与重要动植物分布特征的空间属性提取都可按照斑块—廊道—基质的模式进行。首先确定各类型生态系统的重要生态源地与各类重要保护动植物的物种栖息地；然后利用最小阻力模型对其内部联系廊道进行测算，并结合实体地物廊道（如水系）以及对物种迁徙溯洄廊道的观测结果，对测算的廊道进行调整优化，并设置合理的缓冲宽度，进而根据斑—廊组成的网络结构对保障生态系统与物种结构完整性的重要环境基质进行提取；最后按照低安全级别服从高安全级别、次要保护对象服从主要保护对象的原则对所有提取的空间特征要素进行整合。对特色景观遗迹的分布特征也需遵循系统性与整体性原则，从景观安全格局构建的角度进行提取，注意自然景观与文化景观保护的协同性，充分展现我国自然保护地“天人合一”、人与自然和谐共生的特征。

对于管制条件类要素的提取，应搜集现有自然保护地的建设四至与管理经营权属信息、专项规划与详细规划相关资料，结合全国第三次土地利用调查中提供的土地权属信息、各类专项调查提供的自然资源资产本底信息，调研自然保护地范围内的矿产、林场、牧场、果园、鱼塘、养殖场等自然资源开发生产活动的空间分布与用地权限信息。整合上述建设管理基础资料并提取或重新划定，将对自然保护地空间管制产生重要影响的空间边界，与调整优化后的自然保护地空间边界进行有机衔接协调。具体而言：首先，对自然保护地现有建设情况与分区管制情况进行衔接协调，统一各类自然保护地功能分区与管制分级的“话语体系”，优先尊重落实高等级管制边界；其次，优化调整低等级管制边界，进而结合土地利用现状与自然资源开发经营现状，清晰化土地权属、自然资源开发经营权属、旅游游憩特许经营权属三类权属的四至边界，明确区分国有产权与集体或私人产权的分界情况；最后，在此基础上评价集体用地开发强度、私人或集体所有自然资源生产开发强度、现有特许经营权的盈利情况与开发强度，估算实行不同强度保护地空间管制所需要的成本（包括生态移民成本或地役权设置成本等），从而进行适当的保护地或核心保护区准入与准出，调整自然保护地空间边界。

5.4.3 衔接协调既有建设管制条件

将上述结果与现有的其他建设管制条件进行衔接协调。具体而言：搜集全国第三次土地利用调查中提供的土地利用现状信息与拟建保护地空间地域进行叠加核对，重点协调居民点建设用地、历史文化遗址保护区、永久基本农田、生态保护红线、探矿权和采矿权，识别冲突区并明确冲突处理中的优先级规则与兼容性管控条件，对边界进行再次优化；在此基础上叠加现状重要道路交通与线性基础设施分布图，重点分析穿行于保护地中的线性基础设施的切割强度与穿行等级（如高架交通线路的底部仍可保证物种迁徙廊道的连通性，其切割强度较低，穿行等级较高），应依照具有强切割围限作用的线性基础设施进行保护地边界的微调；进而，将保护地初步划界图与国土空间规划图及重大项目规划图进行等权叠加，将农用地、矿产及重大项目等用地尽可能排除于保护地初步边界范围之外，并按照规划中已划定的重要管制线对边界进行微调。

5.5 自然保护地边界优化制度保障

5.5.1 明确自然资源权属，实行统一分级管理

摸清土地产权和自然资源资产底数。结合全民所有自然资源资产管理体制改革，对自然保护地范围内的水流、森林、草原、山岭、荒地、滩涂等自然生态空间进行统一确权登记，清晰界定自然资源资产的产权主体。科学确定全民所有和集体所有的各自产权结构，明确所有权、管理权、经营权。

逐步完善国家所有的自然保护地产权制度。逐步探索将自然保护地内国有自然资源的所有权、集体所有自然资源的管理权和经营权等权限全部收归保护地管理机构持有，以便管理机构对自然资源进行有效整合，统一保护、管理与开发利用（刘冲，2016）。对于集体所有土地及附属的自然资源，按照依法、自愿、有偿的原则，通过租赁、置换、赎买、合作等方式[1]，进行资源权属变更或调整并建立相应的经济补偿方案，维护产权人权益，实现多元化保护。

---

[1] 参考《关于建立以国家公园为主体的自然保护地体系的指导意见》。

5.5.2 加强"一张图"信息化和立体化动态监测管理

加强自然保护地"一张图"的信息化管理。将自然保护地规划管理的"一张图"建设纳入国土空间规划"一张图"的体系中，精确掌握各类自然保护地的保护对象与核心景观资源数据、保护地周边社会经济数据，为自然保护地布局优化和边界调整提供数据支撑（张同升等，2019）。

强化自然保护地立体化动态监测管理。立足生态系统基础理论，基于科学布点方法构建多层级监测网络体系，选取适宜的监测指标体系，对自然保护地生态、环境、资源、景观的变化进行常态化监测与定期诊断，探索自然保护地边界准入准出、管制分区升级和降级的动态调整机制。

5.5.3 健全自然保护地评估与调整优化体系

健全自然保护地空缺评价、准入评估与准出评估的科学机制。针对各类自然保护地现状，进一步完善以生态系统和生态服务价值为核心的考核评估指标体系和办法[1]，并对各类自然保护地开展评估，评估体系应充分听取当地政府、管理部门和涉及区域群众的意见。依据评估效果，深入优化自然保护地布局，对部分已不具备保护价值或保护价值减小的自然保护地，调整或撤销保护地类型。

5.5.4 加强要素横向流动与跨行政区合作

自然保护地的整合优化、边界重新划定调整均以为核心自然生态系统与重点保护物种提供更为原真性、完整性、系统性的高质量保护为目的。现实中的自然生态系统结构与行政地域单元划分往往不完全重叠，因而自然保护地的整合与边界优化涉及多行政地域的不同管理主体之间的协同协作，需要根据各地域之间的生态系统结构联结，突破传统的条块治理框架，加强跨行政区合作，采取尺度重构与地域重组的思路，重构特殊区域对自然保护地进行统筹治理。而促成跨区域合作协同的关键是形成健康有效的区域间要素流动机制，首要突破口在于创新以生态保护补偿为代表的转移支付机制。具体包括：鼓励受益地区与自然保护地所在地区建立多元化的横向补偿关系，加大上级政府对重点生态功能区的纵向转移支付力度，加强生态保护补偿效益评估，完善生态文明建设绩效与专项转移支付挂钩的激励约束机制等（刘某承等，2019）。

5.5.5 推行自然保护地拓展加盟小区设置

延续自然保护小区的思路，对保护价值一般、并限于现有经条件还不完全具备建立自然保护地的，由政府批准划定，进行地方性、群众性保护。建议推行自

---

[1] 参考《关于建立以国家公园为主体的自然保护地体系的指导意见》。

然保护地拓展加盟小区政策，为自然保护地边界的科学调整留出一定的弹性空间，保证在自然保护地边界调整中面积不减少。具体可参考法国国家公园加盟区的建设理念，在以保护为主的自然保护地空间范围外，基于生态系统完整性保护需求，结合自然保护地空缺评估分析结果，划定建议纳入拓展区的区域范围。在此范围内的乡镇、社区可自愿选择是否加盟，加盟后需遵循保护地对拓展区的空间管制规定，同时也能享受保护地在项目建设和产业发展等方面的资金、技术和人才支持。

第 6 章 基于现实基础的自然保护地边界优化与衔接

6.1 衔接国土空间“三区三线”

6.1.1 冲突图斑的三类用地适宜性分析

立足于江山市的自然资源、交通条件、空间位置等因素对不同用途土地适宜性影响程度的不同，结合江山市数据可及性，对市域范围内的生态用地、耕地、

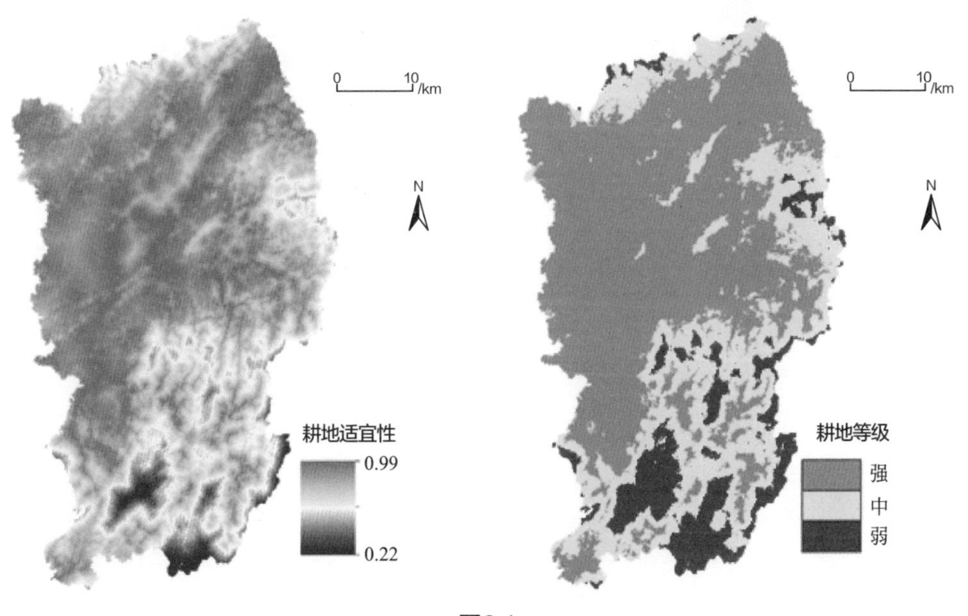

图6.1

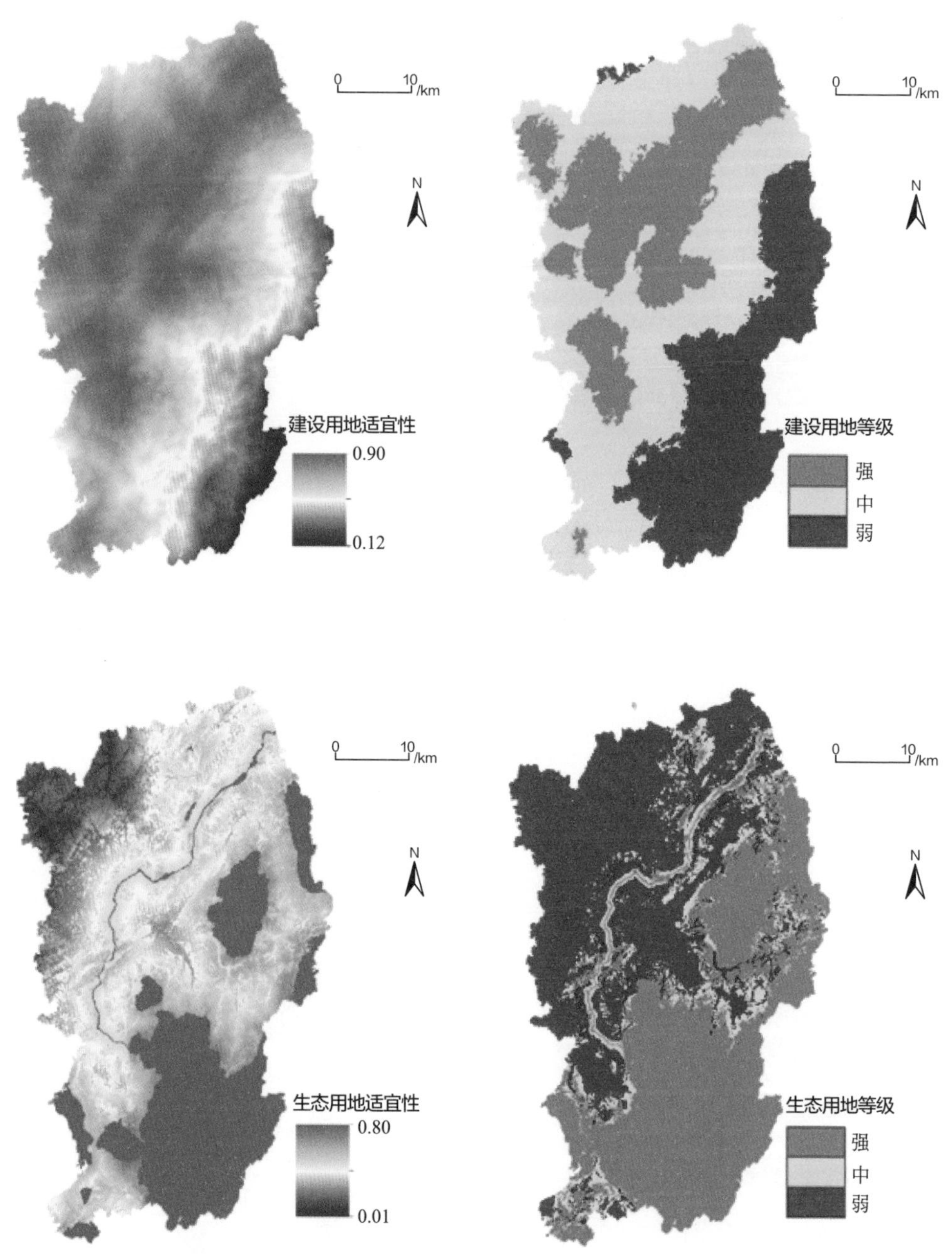

图6.1　耕地、建设用地和生态用地的适宜性评价和等级划分

建设用地分别进行适宜性评价，采用自然断点法（Natural Break）将评价结果分为竞争力强、中、弱三个等级类型（图6.1）。通过统计图表表示各类用地适宜性等级的数量结构，通过空间分布图表示各类用地竞争力等级的分布特征。

6.1.2 三类用地适宜区初划

在冲突图斑各类用地适宜性评价结果的基础上，运用适宜地类判别矩阵计算各冲突图斑的适宜地类，并将归类后的冲突图斑和原有图斑归并起来，生成最终的各类用地分布图（图6.2）。

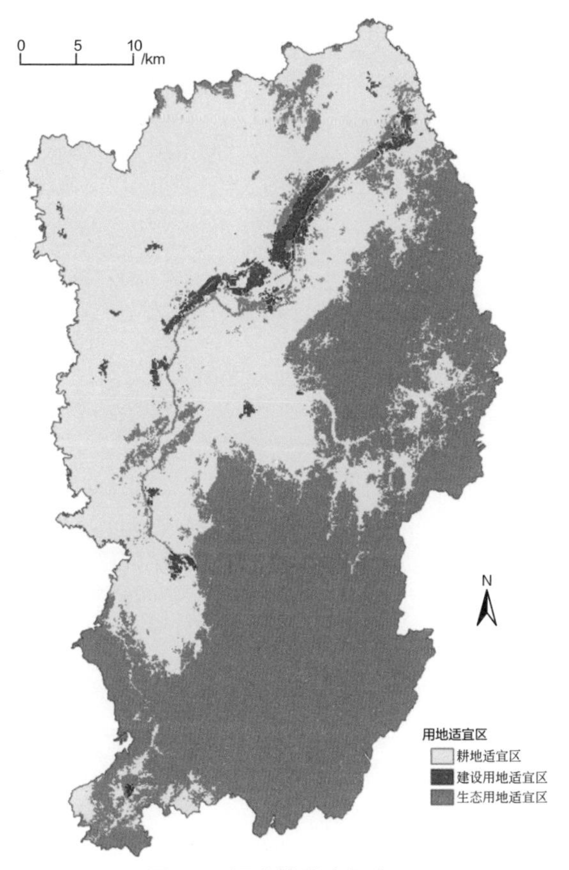

图6.2 适宜地类空间布局

6.2 江山市域风景综合价值评价

6.2.1 市域范围风景综合价值评价

风景综合价值评价由风景价值、生态价值以及文化价值三个部分组成，江山市域范围风景综合价值评价共涉及3类8项30个评价因子（表6.1）。

表6.1　江山市域范围风景综合价值评价指标体系

一级评价因子	二级评价因子	三级评价因子	极高价值区域	高价值区域	中价值区域	低价值区域	极低价值区域	权重		
			9	7	5	3	1			
风景价值	景源评价	资源价值	>55，且≤70	>45，且≤55	>40，且≤45	>30，且≤40	0～30	0.1391	0.2286	0.3922
		环境水平	>15，且≤20	>13，且≤15	>11，且≤13	>9，且≤11	0～9	0.0428		
		利用条件	>4，且≤5	>3.5，且≤4	>3，且≤3.5	>2.5，且≤3	0～2.5	0.0305		
		规模范围	>4，且≤5	>3.5，且≤4	>3，且≤3.5	>2.5，且≤3	0～2.5	0.0162		
	景源空间聚集度	景源密度	>2.91，且≤4.67	>1.7，且≤2.91	>0.86，且≤1.7	>0.26，且≤0.86	0～0.26	0.0982	0.0982	
	风景观赏价值	风景类型	风景名胜及特殊用地、有林地	河流水面、水库水面，其他林地、果园、茶园、灌木林地	内陆滩涂，其他园地、坑塘水面、沟渠	其他草地、旱地、水田、裸地	公路用地，农村道路、城市、建制镇、村庄、水工建筑用地，设施农用地，采矿用地，铁路用地	0.0559	0.0654	
		多样性	群落结构完整、植被覆盖率65%～100%、景观丰富度极高	群落结构较完整、植被覆盖率55%～65%、景观丰富度高	群落结构简单、植被覆盖率40%～55%、景观丰富度较高	植被覆盖率15%～40%、景观丰富度较低	植被覆盖率0～15%、景观丰富度极低	0.0071		
		自然度	>0.6，且≤0.76	>0.46，且≤0.6	>0.3，且≤0.46	>0.15，且≤0.3	0～0.15	0.0024		

续表

一级评价因子	二级评价因子	三级评价因子	极高价值区域	高价值区域	中价值区域	低价值区域	极低价值区域	权重		
			9	7	5	3	1			
生态价值	植被	树龄	过熟林	成熟林	近熟林	中龄林	幼龄林	0.0152	0.4085	0.519
		郁闭度	>0.8	>0.65，且≤0.8	>0.45，且≤0.65	>0.15，且≤0.45	0～0.15	0.1343		
		疏密度	>4.2	>0.7，且≤4.2	>0.5，且≤0.7	>0.2，且≤0.5	0～0.2	0.0155		
		活立木蓄积	>8	>5.2，且≤8	>3.2，且≤5.2	>1.9，且≤3.2	0～1.9	0.082		
		平均高度/m	>9.2	>6.3，且≤9.2	>4.2，且≤6.3	>1.5，且≤4.2	0～1.5	0.0139		
		平均胸径/cm	>19.2	>14.2，且≤19.2	>10.2，且≤14.2	>0，且≤10.2	0	0.0095		
		林种	国防林、自保林、水保林、水涵林	风景林、环保林	护岸林、护路林、它防林	果树林、食用林、用材林、它经林	—	0.0361		
		森林健康	健康	中健康	亚健康	不健康	—	0.0373		
		森林类别	重公	一般公	一般商	—	—	0.0248		
		事权等级	国家级	省级	其他	—	—	0.0081		
		公益林保护	2	1	—	—	—	0.0317		
	地质地貌	地貌	中山	低山	丘陵	平原	—	0.017	0.0603	
		高程/m	>900	>650，且≤900	>450，且≤650	>250，且≤450	0～250	0.0137		

续表

一级评价因子	二级评价因子	三级评价因子	极高价值区域	高价值区域	中价值区域	低价值区域	极低价值区域	权重		
			9	7	5	3	1			
生态价值	地质地貌	坡度级	险坡	陡坡	急坡	缓坡、斜坡	平坡	0.0056	0.0603	0.519
		土层厚度/cm	>70	＞55，且≤70	＞40，且≤55	＞15，且≤40	0～15	0.0034		
		土壤名称	红壤	黄壤	水稻土	粗骨土	—	0.0039		
		土壤条件	—	黏土	壤土	砂土	—	0.0017		
		水文条件	河流本体	≥30m，且≤50m缓冲区	＞50m，且≤100m缓冲区	＞100m，且≤200m缓冲区	>200m缓冲区	0.015		
	GI生态网络	斑块识别	100ha以上连续森林斑块、100ha以上连续水域斑块	—	—	—	其他	0.024	0.0503	
		廊道构建	350m以上宽度生态廊道	—	—	—	其他	0.0263		
文化价值	历史文化名村分布	历史文化名村分布密度	>0.23	＞0.13，且≤0.23	＞0.07，且≤0.13	＞0.02，且≤0.07	0～0.02	0.0111	0.0111	0.0888
	历史人文资源分布	历史人文资源分布密度	>2.25	＞1.37，且≤2.25	＞0.72，且≤1.37	＞0.21，且≤0.72	0～0.21	0.0777	0.0777	

6.2.1.1 风景价值

（1）景源

将风景名胜区总规编制阶段对景源资源价值、环境水平、规模范围、利用条件四个方面的专业评分数据矢量化，形成赋值评分栅格（图6.3）。

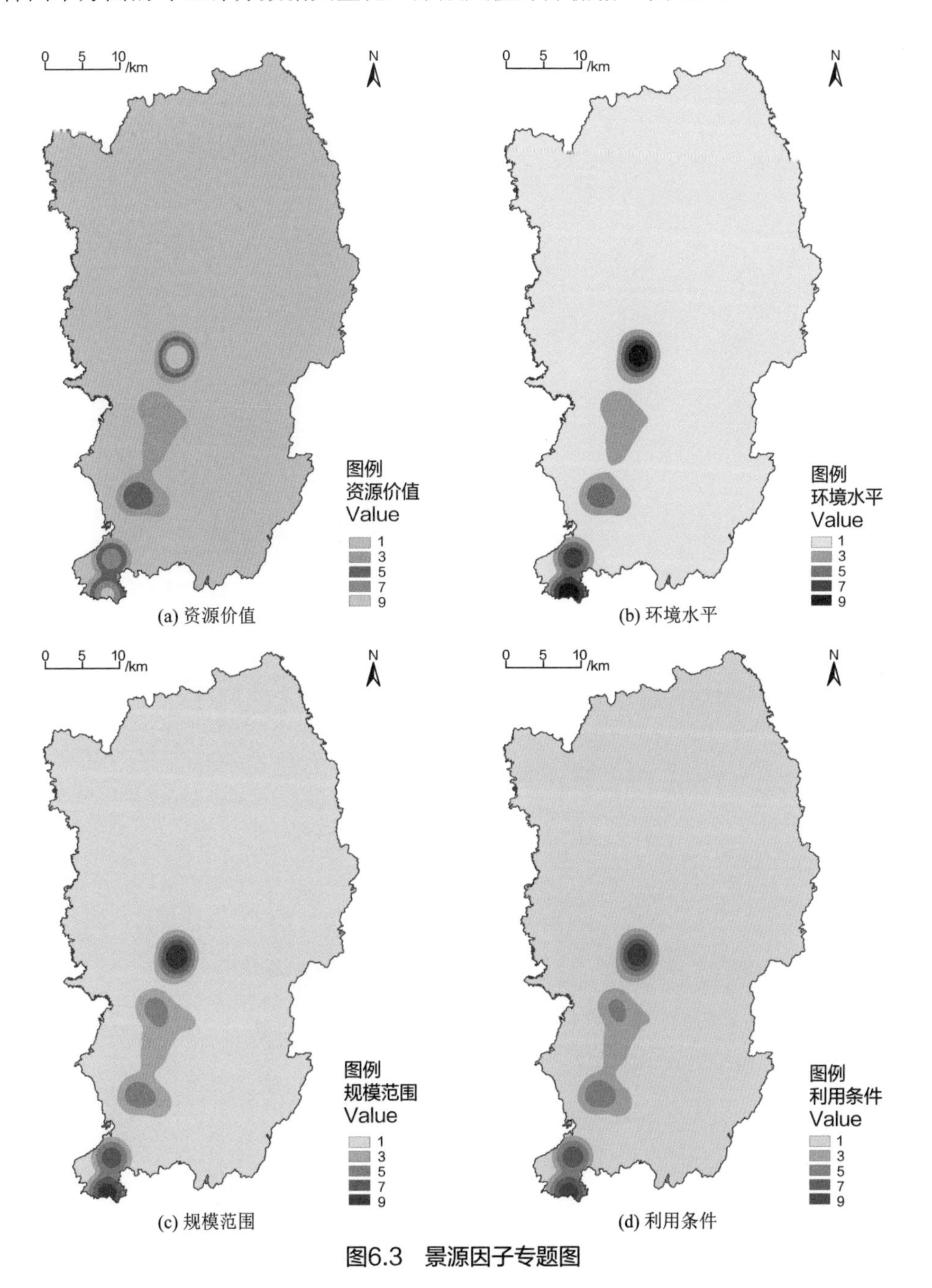

图6.3　景源因子专题图

（2）景源空间聚集度

将江山市域范围内的景源数据矢量化，形成赋值评分栅格，如图6.4（a）所示。

（3）风景观赏价值

将江山市域范围内的风景类型、多样性、自然度等数据矢量化，形成赋值评分栅格，如图6.4（b）、（c）、（d）所示。

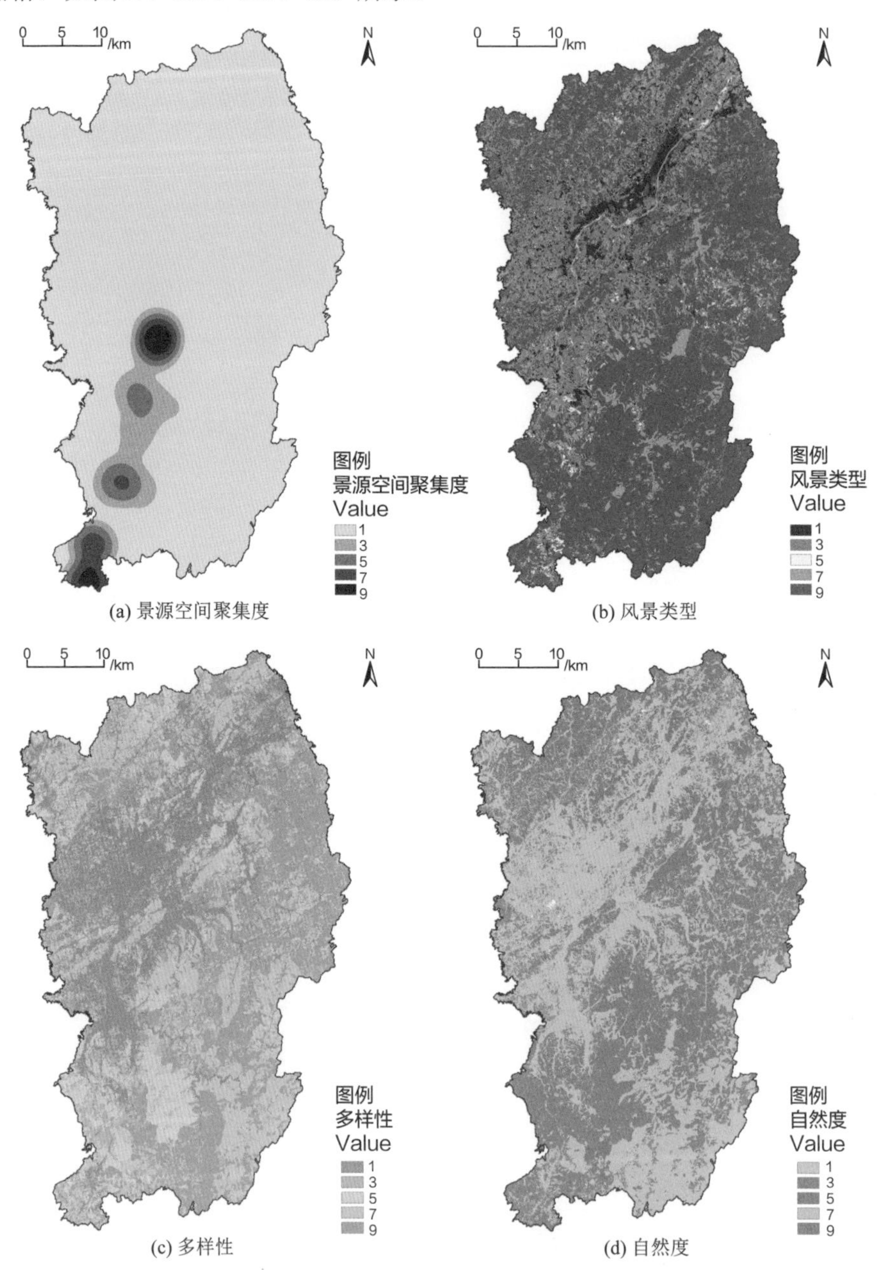

图6.4　景源空间聚集度、风景观赏价值因子专题图

6.2.1.2 生态价值

（1）植被条件

结合江山市林业二类调查2017年变更数据，对江山市域范围内与植被条件相关的各项数据进行矢量化，形成赋值评分栅格（图6.5）。

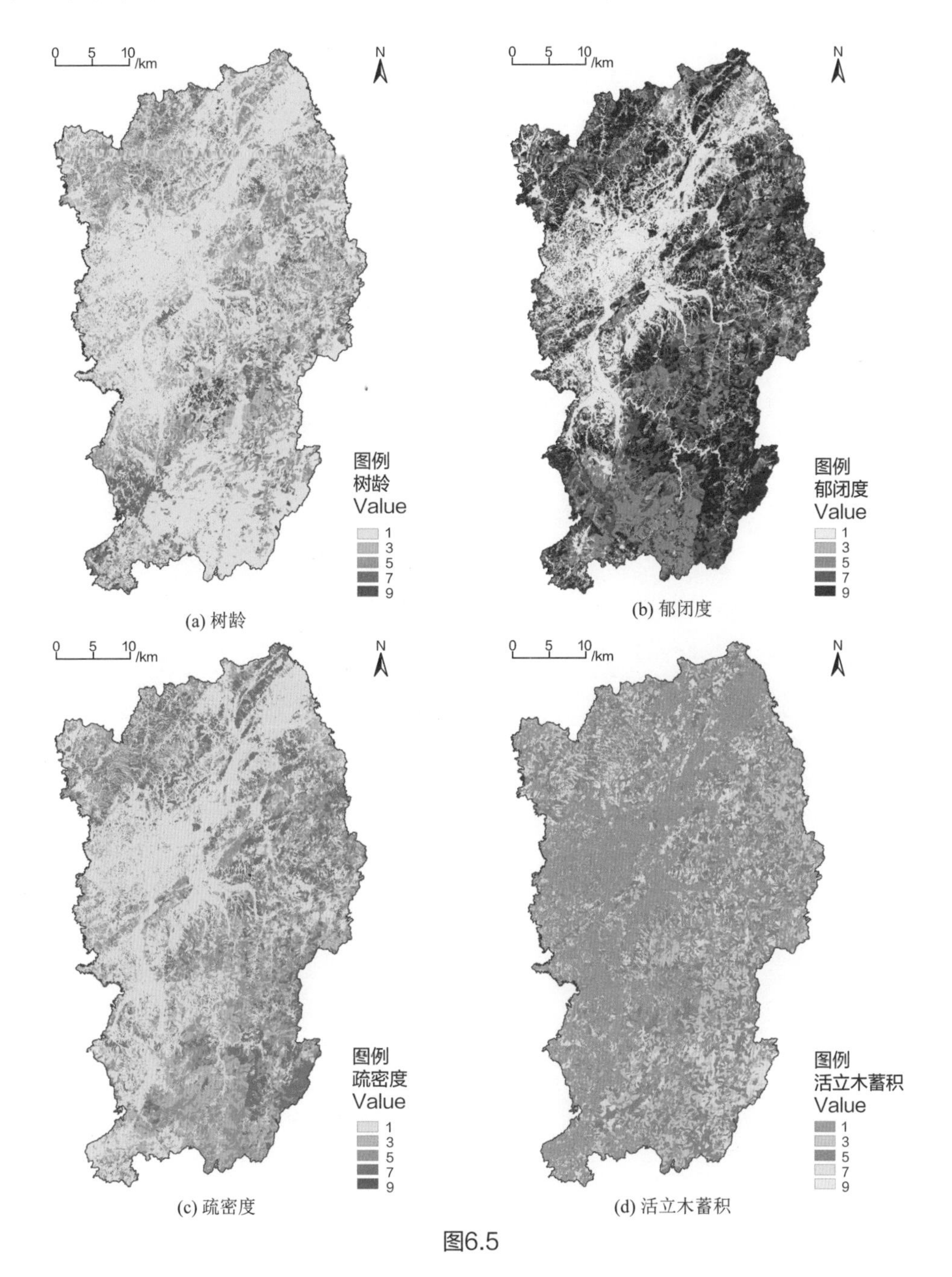

(a) 树龄　(b) 郁闭度　(c) 疏密度　(d) 活立木蓄积

图6.5

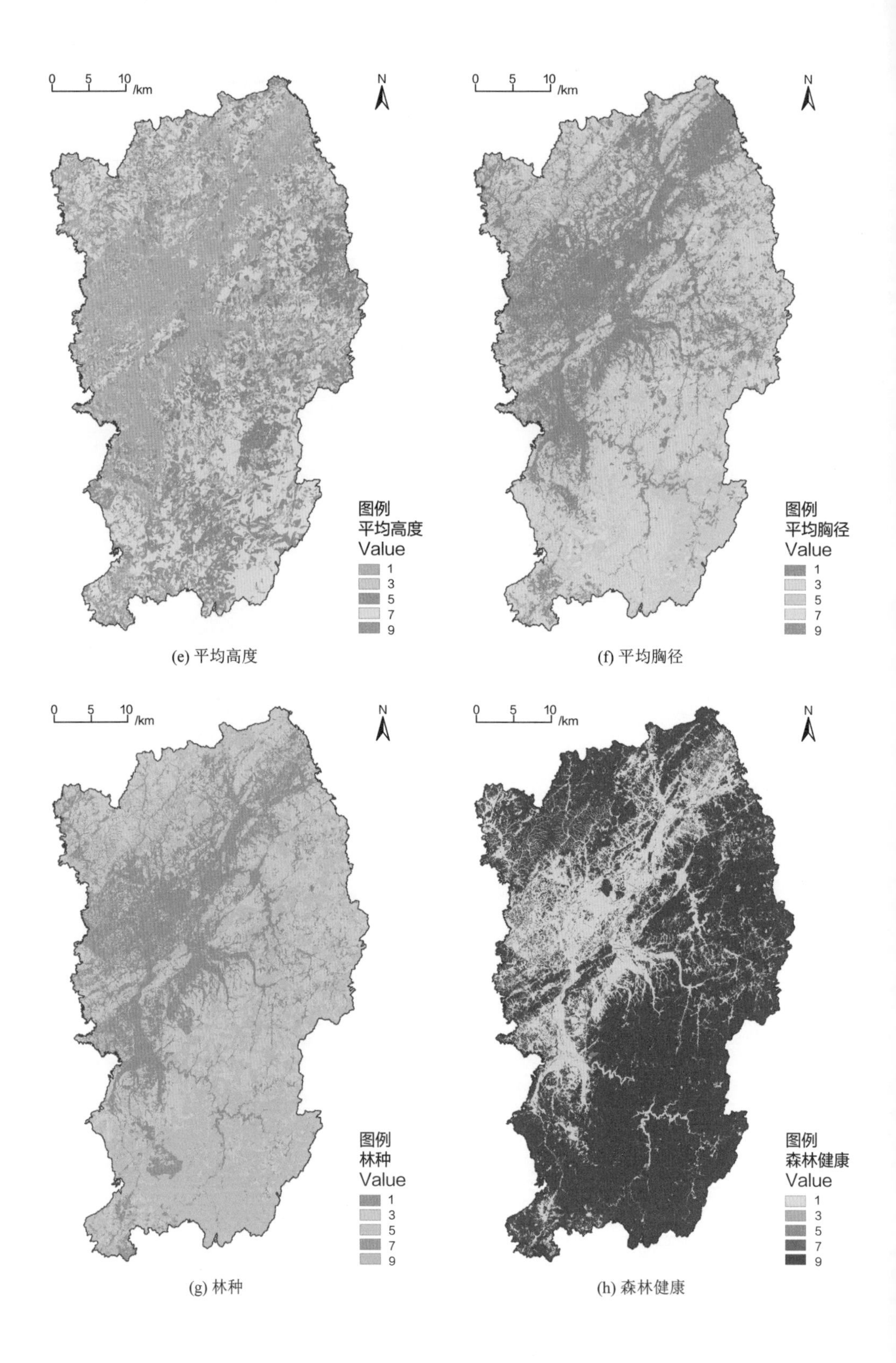

(e) 平均高度

(f) 平均胸径

(g) 林种

(h) 森林健康

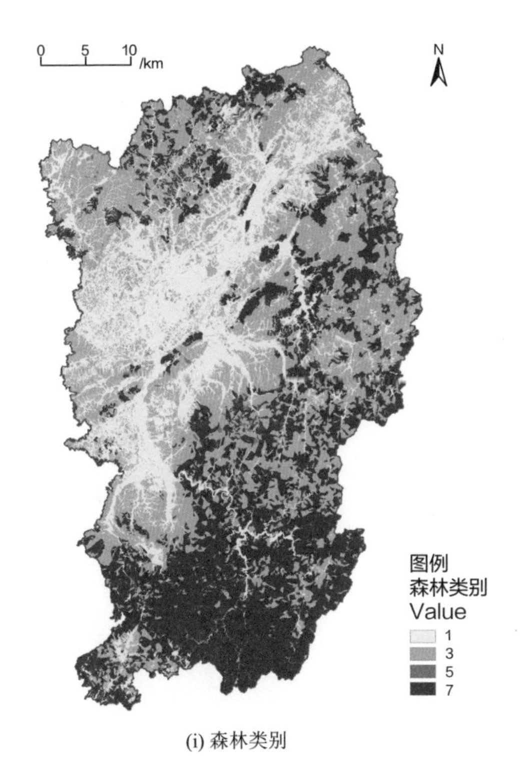

(i) 森林类别

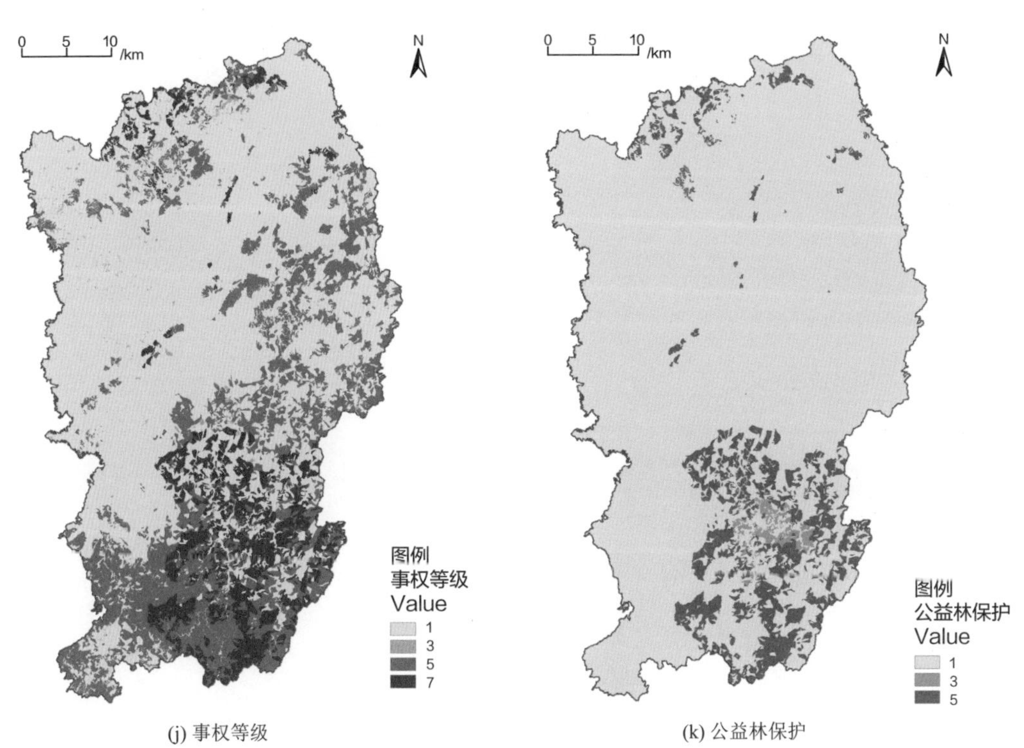

(j) 事权等级

(k) 公益林保护

图6.5 植被条件因子专题图

（2）地质地貌

结合江山市DEM（数字高程模型）数据及土壤相关数据，对江山市域范围内与地质地貌相关的各项数据进行矢量化，形成赋值评分栅格（图6.6）。

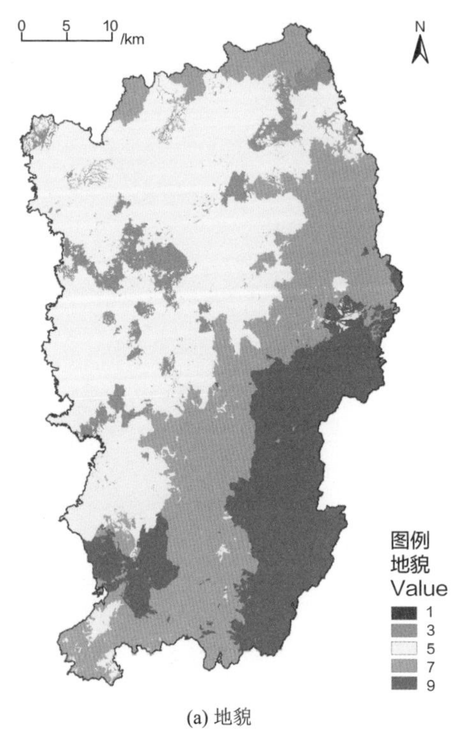

(a) 地貌

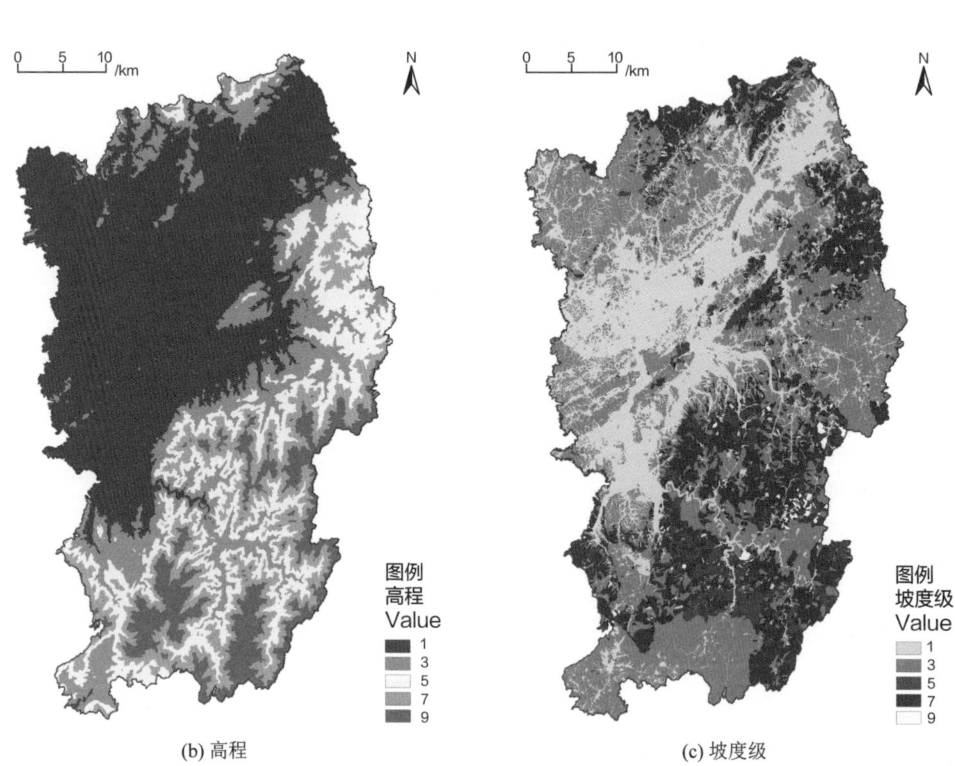

(b) 高程

(c) 坡度级

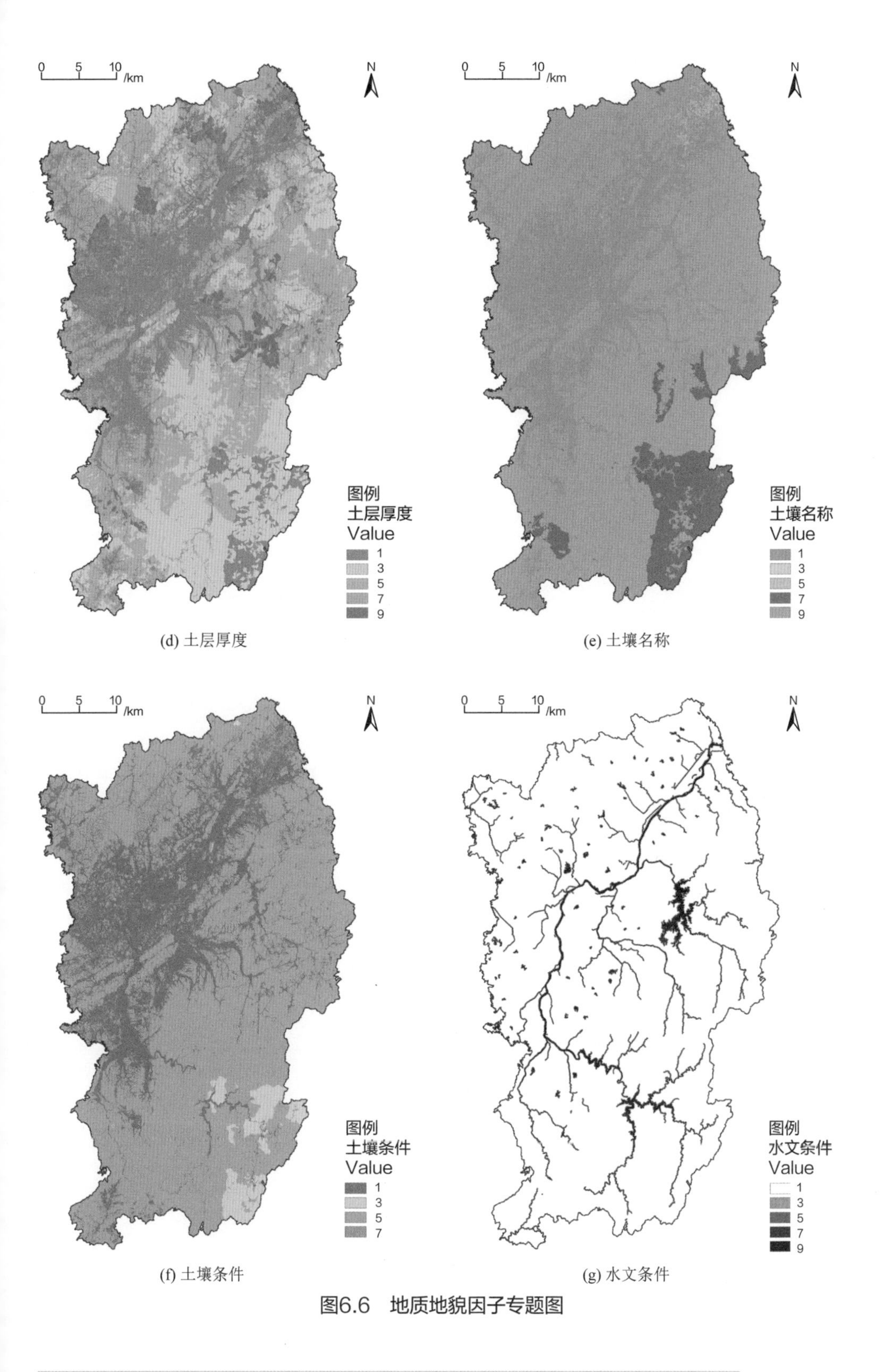

(d) 土层厚度

(e) 土壤名称

(f) 土壤条件

(g) 水文条件

图6.6　地质地貌因子专题图

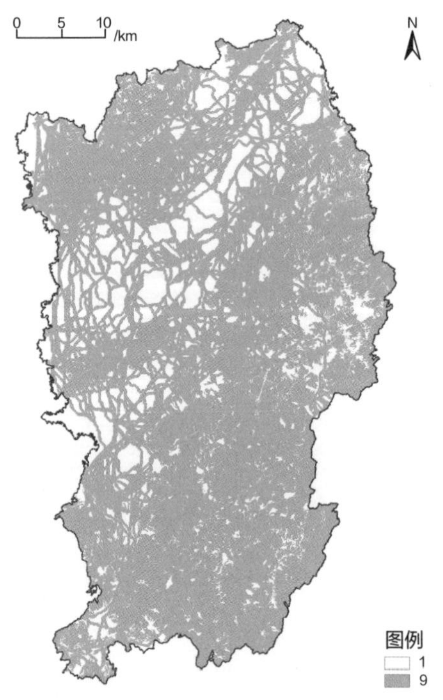

图6.7 斑块识别与廊道构建

（3）GI生态网络评价

识别出江山市域范围100ha以上的连续森林斑块、100ha以上的连续水域斑块作为基础生境斑块单元，结合最小费用路径的分析结果，利用生态环境较好的生态廊道构建市域范围迁徙廊道体系，形成市域范围生态网络雏形（图6.7）。

6.2.1.3 文化价值

提取江山市域范围内的历史文化名村数据，以及古迹、人文景点等历史人文资源数据，并进行单因子的数据矢量化分析，形成赋值评分栅格，如图6.8所示。

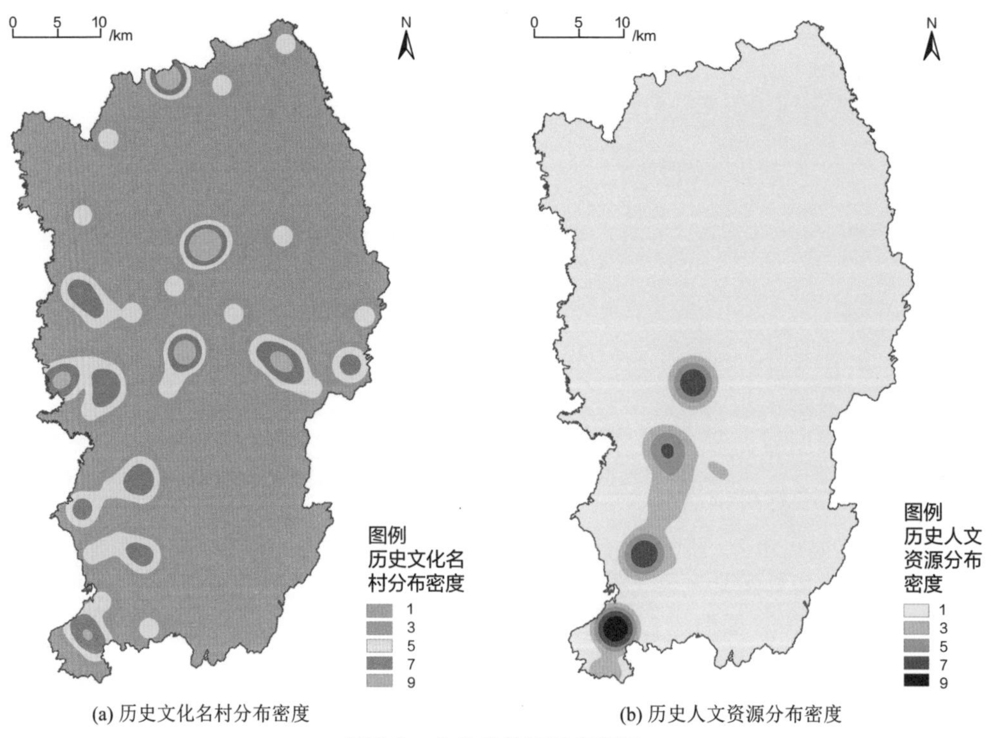

(a) 历史文化名村分布密度

(b) 历史人文资源分布密度

图6.8 文化价值因子专题图

6.2.1.4 风景综合价值

加权叠加上述风景价值、生态价值、文化价值栅格文件，形成市域风景资源综合价值评价栅格，在此基础上与生态用地适宜区相交，生成生态用地适宜区内风景价值评价栅格文件，并形成自然保护地候选初划范围C1（图6.9）。

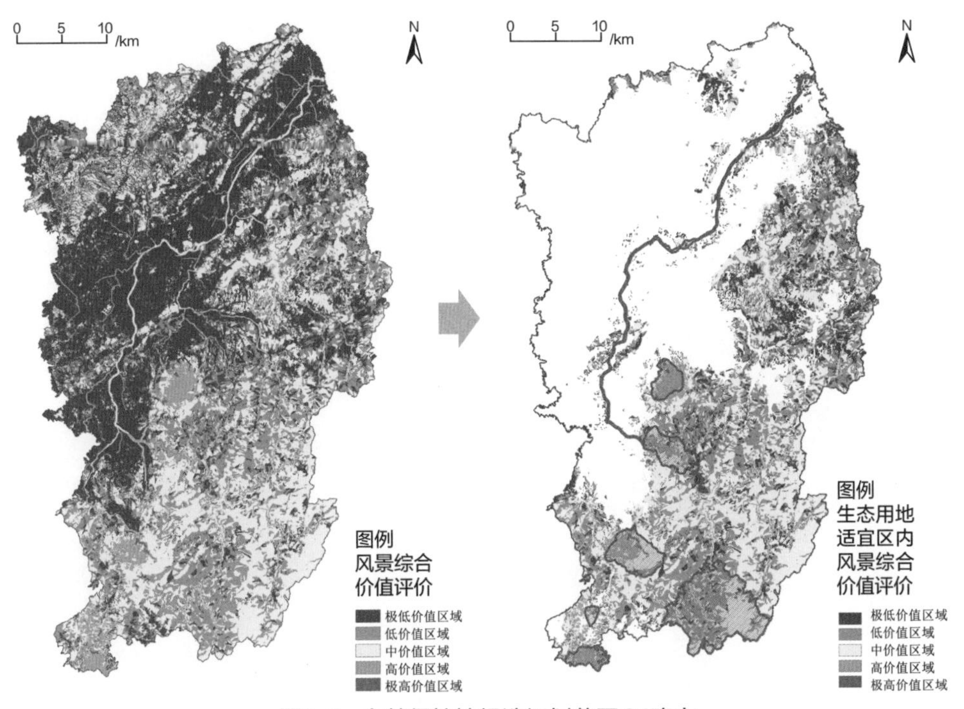

图6.9 自然保护地候选初划范围C1确定

6.2.2 现状自然保护地资源评价

6.2.2.1 江山仙霞岭省级自然保护区

江山仙霞岭省级自然保护区是以保护中亚热带常绿阔叶林及黑麂、伯乐树等珍稀濒危野生动植物为主的森林与野生动物类型自然保护区。区域内的保护对象按保护价值重要性可依次分为以下类型：

① 中亚热带常绿阔叶林及分布其中的榉树群落、猴头杜鹃群落、毛红椿群落、香果树群落、多脉鹅耳枥群落等特色植被；

② 以伯乐树、黑麂、白颈长尾雉等为主的珍稀濒危野生动植物及其栖息地，包括国家重点保护野生植物12种（国家Ⅰ级2种，国家Ⅱ级10种），国家重点保护野生动物23种（国家I级5种，国家II级18种），浙江省重点保护野生植物13种和重点保护野生动物12种；

③ 钱塘江水系江山港源头的水源涵养林及溪流生态环境；

④ 其他有保护价值的自然环境与自然资源。

江山仙霞岭省级自然保护区的保护价值表现在以下方面：

① 仙霞岭区域周边保存有最完整、最典型的中亚热带常绿阔叶林；

② 这里有数量较多的珍稀濒危物种，其中包括浙江省分布范围最大的伯乐树群、遂昌分布中心内毗邻浙皖分布中心的黑麂种群、白颈长尾雉等珍稀濒危鸟类重要栖息地；

③ 这里是浙江省生物多样性最丰富的区域之一，是我国武夷山生物多样性保护优先区域的组成部分，发现的维管植物和脊椎动物种数分别占全省总种数的21.8%和26.1%；

④ 生态区位关键，是金衢盆地西南面的重要生态屏障，也是钱塘江水系一级支流江山港的源头和江山市最大最重要的饮用水水源地。

6.2.2.2 江郎山国家级风景名胜区

（1）江郎山景区

在科学研究层面，江郎山是丹霞地貌发育老年期的典型代表，其周边地区的白垩系红层多被蚀为低地，但其三爿石却依然挺立高耸。三爿石中除本身岩石成分为砂砾岩外，辉绿岩、安山岩和橄榄玄武岩的岩脉在盆地堆积结束后侵入方岩组的侵入体，这对三爿石起到了类似于混凝土中的钢筋一样进一步加固的作用，特别是NW330°方向的构造线的作用，使得江郎三爿石长久屹立苍穹。这种现象在国内外丹霞地貌中是罕见的，值得从岩石学角度认真研究。从地貌学上看，江郎山地区最近地质时期，仍有地壳上升现象，可能属于地台活化现象。可以说三爿石是“二世同堂”或“三世同堂”甚至是“四世同堂”的见证产物。江郎山作为老年晚期高位孤峰型丹霞地貌的杰出代表，300多米高并且裂为三片的丹霞孤峰(“三爿石”)耸立在海拔500m的山地之巅，是全球迄今已知最高大雄伟的直立红层孤峰(石墙或石柱)和刀劈状的最深巷谷，经历长期复杂的区域构造运动尤其是断块运动与高速的侵蚀和风化作用，迅速地形成老年期孤峰叠压在丘陵之顶的地貌景观。地方性物种有江山鳞毛蕨、江山矮竹等。江郎山相对高差300多米的三爿石是一处令人肃然起敬的天然纪念碑、一个壮观的标志性景观、一部丹霞地貌的杰作，满足世界遗产标准：(vii)——包含绝妙的自然现象或具有独特自然美和美学重要性的地区；（viii）——是地球演化史中重要阶段的突出例证，包括生命记载和地貌演变中的地质发展过程或显著的地质、地貌特征；(x)——是生物多样性原地保护的最重要的自然栖息地，具有突出普遍价值的濒危物种栖息地。因此，江郎山连同广东丹霞山、江西龙虎山、贵州赤水、湖南崀山、福建泰宁6地，共同构成了丹霞地貌从幼年期、中年期到老年期的完整序列。

在景观资源层面，江郎山的丹霞地貌以三爿石峰丛、一线天巷谷和三爿石构成的丹霞石墙最具特色。江郎山丹霞地貌不仅集奇、险、陡、峻于三石，聚岩、洞、云、瀑于一山，雄伟奇特蔚为壮观，且群山苍莽、林木叠翠、风光旖旎，拥有三爿石、伟人峰等各类景源约104处。

在生物资源层面，景区内植被类型多样，属中亚热带长绿阔叶林浙闽山丘甜槠木荷林植被区，森林植被类型为长绿阔叶林，分为甜槠木荷林、浙江青冈甜槠木荷林、青冈栎甜槠木荷林、甜槠木荷拟赤杨林等。比较珍贵的名木有银杏、水杉、三尖杉、金钱松、福建柏、鹅掌楸、杜仲、香果树、青檀、天目木兰、黄山木兰、紫茎、银钟花(树)、厚朴、乳源木莲、深山含笑、小叶黄杨、刨花楠、竹柏、花梨木等；野生动物种类较多，如白颈长尾雉、黄腹角雉、虎、云豹、棕熊、黑熊、金猫、白鹇、鸳鸯、鸢、雕、穿山甲、短尾猴、大小灵猫、毛冠鹿、水獭、鬣羚等。

在历史人文资源层面，区域内拥有始建于北宋的开明禅寺、千年学府——江郎书院等物质文化遗产，以及江郎须女传说、佛教文化、名人纪念文化等非物质文化积淀。

（2）峡里湖景区

在景观资源层面，峡口是钱塘江南源——江山港的中游及上游的分界点，峡口水库周边林木茂盛，常年枝繁叶茂、绿荫翠盖，沿水库形成一段蜿蜒数十里，神奇如三峡、秀丽似漓江的“峡谷画廊”；更有气象上称为“山谷风”中的“山风”——峡里风。它是由于地表受热不均而引起空气流动的一种地方性风，成为浙江唯一、世界罕见的风，日落而作，日出而息，有风则晴，无风必雨，岁岁如约。峡里湖景区拥有峡里风、风洞、峡谷画廊等各类景源约46处。

在历史人文资源层面，仙霞古道沿线的三卿口古瓷村、造纸村等古村落集群保留了众多不同时期的生产建筑、设施、遗迹以及制瓷工艺和工具，真实反映了历史上该地区的制瓷技术与产业，是研究浙江制瓷历史的重要参考，是中国传统家庭式手工作坊的典型案例，是目前全国重点文物保护单位中仅有的两处手工制瓷作坊之一，类型独特而珍惜。三卿口古瓷村在历史上的居民迁移及生产、经营活动主要都是沿仙霞古道而进行的，其历史遗存是研究仙霞古道线路文化的重要补充。景区周边的峡口古镇作为仙霞古道沿线因传统商贸运输业发展起来的村落集镇带上的重要节点，是仙霞岭山区重要的集贸中心，拥有高质量的历史民居建筑群、宗祠建筑、军营建筑、庙堂建筑等多元乡土建筑遗存，以及较完善的水利设施，具有较高的历史研究价值，是研究仙霞山脉区域受仙霞古道的军事、商贸、运输等综合功能影响下的特色乡土文化形成与发展的载体。

（3）仙霞岭景区

在科学研究层面，戴笠故居与仙霞古道核心段的仙霞关区段均是区域内历史文化研究的重点对象。戴笠故居的外观与普通的江南民居无异，但里面却机关重重，对研究民国时期的特工文化有着重要意义；仙霞关作为中国古代四大古关口之一，内含保存完整的唐末黄巢起义遗址，是浙江省省级重点文物保护单位，也是研究仙霞古道周边历史文化的重要载体。

在景观资源层面，一方面，粗石垒砌的仙霞古道在崇山峻岭中蜿蜒，一路草木葳蕤、篁竹蔽天，苍凉而深邃；另一方面，石鼓峡内危岩林立，崔嵬峥嵘，急流冲波逆折，泉水叮咚，石鼓溪穿行其间，浓荫遮日，溪水潺潺。仙霞岭景区拥有石鼓岩、金鸡岩、戴笠故居、仙霞关等各类景源约45处。

在生物资源层面，仙霞岭景区植被类型多样、植物资源丰富，属中亚热带长绿阔叶林浙闽山丘甜槠木荷林植被区，在森林植被及野生动物资源类型方面与毗邻的江郎山景区相近。

（4）廿八都景区

在科学研究层面，廿八都作为因驻军和交通运输业发展起来的一个集镇，是经济文化线路仙霞古道沿途的军事经济重镇，与峡口古镇一样是研究仙霞古道周边历史文化的核心载体。

在景观资源层面，形成“四山环拱，一水潆洄”的景观格局。四周山峦分为外围大山和内围小山两群，“枫溪十景”中，“梓山花锦”“珠坡樵唱”“狩岭晴岚”“龙山牧马”和“炉峰夕照”五景都是描绘小山的，只有“浮盖残雪”一景是描绘大山的。廿八都景区拥有枫桥望月、水安凉风、珠坡桥等景源52处。

在历史人文资源层面，廿八都古镇因四周关隘拱卫，少受战乱干扰，至今仍保存有两段较完整的约1km长的古商业街道、36座民居古建，公共建筑物有孔庙、大王庙、文昌阁、万寿宫、真武宙、忠义祠、观音阁、老衙门、新兴社等11幢。20多幢古民居基本保持明、清两代建筑风貌。其建筑风格与浙皖一带的“四水归堂”水乡民居不同，而是融合了浙式木雕、徽式砖雕、赣式灰墙、闽北客家式建筑，甚至还有洛可可式等风格的建筑，被称之为民间建筑博览馆。其规模之大，艺术水平之高，保存之完整，实属国内罕见。

（5）浮盖山景区

与浮盖山省级地质公园资源类型相同，范围存在细微差异。

6.2.2.3 江山金钉子地质遗迹省级自然保护区

江山金钉子地质遗迹省级自然保护区的保护对象是对追溯寒武纪地质历史具有重大科学研究价值的典型地层剖面和古生物化石组合带地层剖面。

（1）碓边B剖面

碓边B剖面长约56m，宽约20m，地层厚度约41m，全部由灰色纹层灰岩组成。剖面两侧约100m范围内的地层露头都是对B剖面的重要补充。灰岩中产寒武系第九阶底界上下4个连续的全球广泛分布的球接子三叶虫化石带。经研究对比，它被认为是全球该段地层最好的剖面，因而被选为寒武系第九阶的全球对比标准，并于2011年8月由国际地质科学联合会批准（寒武系第九阶因而被命名为江山阶）。它的全称为寒武系江山阶全球界线层型剖面和点位，俗称金钉子剖面，属于具有全球对比价值的世界级地质遗迹。江山阶的底界由该剖面上的关键古生物化石——东方拟球接子的首现面定义，与世界性分布的多节类三叶虫窄边依尔文虫的首现面一致。该点位的地质时代约为距今4.94亿年前。

（2）碓边A剖面

碓边A剖面沿近东西向的小山脊展布，呈向北突出的弓形，长约500m，宽约50m，地层厚度约321m，主要由纹层状灰岩和泥质灰岩组成，按照岩性的差异分成4个岩石地层单位（自下而上为大陈岭组、杨柳岗组、华严寺组、西阳山组）。剖面南北两侧地层露头连续的区域都是对A剖面的重要补充。经数代著名地层学家的研究，在这些灰岩中划分出15个三叶虫化石生物带。这些生物地层序列与产于湘西等地的古生物化石带一起被国内外科学家认为是全球寒武系最好的生物地层序列。基于这些地层剖面而建立的寒武系4统10阶的新划分方案取代了建系170余年以来3统9阶的传统方案。由此可见，碓边剖面是全球最好的寒武系地层剖面之一，它与湘西等地的寒武系地层序列同属于具有全球对比意义的国家级地质遗迹。

此外，碓边A剖面地层序列上部的西阳山组灰岩跨越了寒武系－奥陶系的界线，这一界线曾经是国际寒武系－奥陶系界线金钉子剖面的候选剖面，1983年被浙江省人民政府立碑保护。

（3）需要附带管理的周边地质遗迹

在保护区周边地区还出露了一些与保护区地层密切相关的其他重要地质剖面。其中，石龙岗－五家岭南华系及震旦系剖面和新塘坞震旦纪叠层石礁产地为国家级地质遗迹；杨柳岗寒武系剖面、夏坞奥陶系剖面、横塘金钉子辅助剖面、藕塘底石炭系剖面、仕阳奥陶－志留纪腕足动物化石群产地和何家山晚古生代无脊椎化石产地为省级地质遗迹；金目坞奥陶系剖面为县市级地质遗迹。需要依托碓边自然保护区开展对这些剖面的保护、研究和参观活动。

江山金钉子地质遗迹省级自然保护区的主要价值体现在科学意义上。碓边剖面是全球最好的寒武系地层剖面之一，它与湘西九丈、排碧及贵州剑河等地的寒武系地层序列所揭示的古生物演化和地史发展过程是全球地史发展的突出证据，属于具有全球对比意义的国家级地质遗迹。本保护区的建立被认为对全球地质科学研究具有重要意义，是全球寒武系重要地层剖面得到有效保护和永续研究的有力保障。建立该保护区的另一个重要科学意义在于，为将来逐步保护、管理周边地区的重要地层剖面提供了基础。由中国科学院南京地质古生物研究所、江山市国土资源局主持的“全球寒武系江山阶‘金钉子’研究”课题，于2016年3月成功入选浙江省“十二五”期间“十大地质成果”，再次凸显了江山阶“金钉子”极高的科研、科普价值。

6.2.2.4 浙江江山港省级湿地公园

浙江江山港省级湿地公园属钱塘江水系，发源于市境南端浙江、福建两省交界处的苏州岭（海拔1171.0m），由南向北穿行于山地丘陵之中，贯穿市境中部，流经廿八都镇、张村乡、峡口镇、凤林镇、贺村镇、清湖街道、碗窑乡、虎山街道、双塔街道、四都镇，最后在上余镇余家村双港口流入衢江区。干流全长134km，江山境内长105km，流域总面积1970km^2，江山境内1704km^2，集水面积占全市总集水面积的91.3%。江山港的主要支流有广渡溪、卅二都溪、棠坂溪、横渡溪、洋桥溪、长台溪、大桥头溪、新村小溪、四都溪等29条。江山港干流以峡口和毛塘为分界点，分为上、中、下游。从苏州岭至峡口为上游，河道长42.5km，流域面积399.5km^2，河道平均坡降7.12‰；沿江两岸山峦夹峙、河面狭窄，水流湍急，河床下切深，河谷呈“V”字形；具有山溪性河流暴涨暴落的特点。中游河道长31.5km，自然落差85m，河道坡降4.46‰；沿河两边支流多、汇流快，容易受洪水威胁。下游河道长31km，自然落差12m，河道坡降1.81‰；河道断面较开阔，河床平缓、流速减慢，泥沙易沉积、河床易淤高，是城镇防洪重地。目前，湿地公园所属的江山港流域地表水开发利用主要以蓄水工程为主，已建大型水库两座（碗窑水库和白水坑水库）、中型水库1座（峡口水库），总蓄水能力达到了52296×10^{4}m^3。

湿地公园范围内，林地面积501.59ha，占公园总面积的23.40%，其中生态公益林面积合计406.68ha，占林地面积的81.08%；一般商品林94.91ha，占18.92%。现有主要植被类型为针叶林、针阔叶混交林、常绿阔叶林、竹林，主要树种有马尾松、木荷、苦槠、杉木、毛竹和枫杨等。根据调查统计：湿地公园维管植物有91科268属372种，其中，蕨类植物17科20属22种，裸子植物2科2属3种，被子植物72科246属347种；国家Ⅱ级重点保护野生植物4种，它们是蓼科的野荞麦、樟科的樟、豆科的野大豆及菱科的野菱。野荞麦主要分布于淤前村溪流边的枫杨群落林下；樟主要分布于凤溪村的溪边及淤前村溪流边的枫杨群落中；野大豆主要分布于淤前村溪流边的枫杨群落林下；野菱主要分布于五程村溪流岛屿中的水塘中。

湿地公园中的野生动物属于东洋界的华中区与古北界的华北区，资源较为丰富。

根据现地调查及其他文献资料统计，浙江江山港省级湿地公园中共有脊椎动物28目70科217种。

① 鱼类7目14科59种，其中鲤形目鱼类是主体，共38种，占所有调查区域鱼类总种数的64.4%；鲈形目次之，共9种，占总种数的15.4%；鲶形目有8种，占总种数的13.6%。江山港湿地公园范围内的水体大部分为深水区，因此鱼类的生态类型以江河定居性鱼类为主，如：四大家鱼（青、草、鲢、鳙）、鲤、鲫、鲶、大眼华鳊、鳘、红鳍原鲌、翘嘴鲌、团头鲂、圆吻鲴、中华鳑鲏、高体鳑鲏、麦穗鱼、黑鳍鳈、银鮈、棒花鱼、胡鮈、似鮈等，还包含部分溪流性鱼类，如光唇鱼、宽鳍鱲、小鳈等。鳗鲡为河海洄游性鱼类，数量稀少。

② 两栖类2目7科24种，其中虎纹蛙属于国家Ⅱ级重点保护动物；中国瘰螈、东方蝾螈、黑斑肥螈、中国雨蛙、大绿臭蛙、棘胸蛙、天台粗皮蛙和斑腿泛树蛙等8种属于浙江省重点保护动物。

③ 爬行类3目8科21种，其中王锦蛇和黑眉锦蛇属于浙江省重点保护动物。

④ 鸟类16目41科113种，其中非雀形目鸟类15目18科49种，占鸟类种数的43.36%；雀形目鸟类23科64种，占鸟类种数的56.64%。江山港省级湿地公园的鸟类种类数占了全省鸟类物种数的23.89%。

浙江江山港省级湿地公园的鸟类中，属于国家Ⅱ级重点保护野生动物的鸟类有7种：小天鹅、鸳鸯、苍鹰、普通鵟、红隼、游隼、斑头鸺鹠。

列入浙江省重点保护野生动物的鸟类有14种：绿翅鸭、绿头鸭、斑嘴鸭、鹰鹃、四声杜鹃、大杜鹃、三宝鸟、戴胜、灰头绿啄木鸟、大斑啄木鸟、红尾伯劳、棕背伯劳、黑枕黄鹂、画眉。

6.2.2.5 仙霞国家森林公园

仙霞国家森林公园属于仙霞岭山脉，在地质层面，成山年代为中生代侏罗纪时期，岩浆活动剧烈，形成许多喷出岩和侵入岩，成土母岩主要是流纹质熔结凝灰岩、英安质熔结凝灰岩和花岗岩。

在地貌层面，森林公园的仙霞岭山脉斜贯东南与南北五岭即窑岭、茶岭、小竿岭、枫岭、梨岭，形成拱卫之势，群峰崇峻雄险，最高峰龙岗山海拔1500.3m。石鼓峡一带，两山对峙，陡壁绵亘而成一条峡谷，谷中山色蔚然，溪涧流香，幽深诱人。

在土壤层面，森林公园仙霞岭山脉斜贯东南，成土母岩主要是流纹质熔结凝灰岩、英安质熔结凝灰岩和花岗岩。土壤多为红壤和黄壤。

在水系层面，森林公园的主要水系属钱塘江的支流江山港。双溪口乡和保安乡为江山港的上、中游，而廿八都镇一带的河流向西注入信江，属长江流域。森林公园溪流众多，还有一个人工湖（石鼓湖），水面面积约120亩（1亩 = $666.67m^2$），库容量约$138\times10^4m^3$。

在植被层面，森林公园的植被覆盖率达95%，植被类型属中亚热带常绿阔叶林浙闽山丘甜槠木荷林植被区，有保存完整的原始次生林700多公顷。垂直分布明显：海拔900m下，多为毛竹林；900～1200m多为常绿阔叶林；1200～1350m多为针阔叶混交林；1350m以上为山顶灌丛。森林公园共有木本植物87科232属634种。其中列为国家级和省级重点保护的树种有27种。国家Ⅰ级重点保护野生植物有水杉、银杏、红豆杉、伯乐树、香果树、猪血木等；国家Ⅱ级重点保护野生植物有香榧、金钱松、三尖杉、福建柏、鹅掌楸、樟树、花榈木、闽楠等。

在野生动物层面，森林公园茂密繁盛的森林植物为野生动物的栖息繁衍提供了良好的生态环境。

① 国家Ⅰ级重点保护野生动物：云豹。

② 国家Ⅱ级重点保护野生动物：大灵猫、小灵猫、穿山甲。

③ 省重点保护野生动物：五步蛇。

④ 一般保护野生动物：黄麂、野猪、眼镜蛇、雉鸡、松鼠、石蛙等。

6.2.2.6 江山浮盖山省级地质公园

在地质地貌层面，江山浮盖山省级地质公园的地质遗迹类型以花岗岩地貌景观为主，共发育有10座石峰、1条岩岗、6条石沟、4片石坡，以及无数突岩、石蛋、岩洞、风化穴和少数泉、潭，它们密集交织在一起，构成总面积为125ha的花岗岩地貌景观。此外，公园还发育有溪口早白垩世侵入岩序列剖面、龙潭溪峡谷河段、张家山变质岩露头3项地质遗迹。

（1）浮盖山花岗岩景观——国家级

浮盖山是地史时期因遭受强烈风化而产生的大量臼槽形和椭球形岩块累叠成石峰、岩岗和沟坡的岩块型花岗岩丘陵，随后被地壳抬升至近1000.0m海拔高度遭受剥蚀而残留下来的世界罕见的岩块型花岗岩山岳景观。这一景观类型在世界花岗岩地貌中具有独特性，它与黄山及华山的雄伟山体陡崖、三清山的岩柱峰林、内蒙古克斯克腾的石城式残丘、北欧的大面积棱角状岩块群、非洲的大面积石蛋群与岛山、美洲的穹状山等都有很大的区别。据此，浮盖山花岗岩景观为国家级地质遗迹。

（2）溪口早白垩世侵入岩序列剖面——省级

溪口剖面出露的早白垩世晚期双峰式侵入岩达22条之多，远远超出闽浙其他地区。它们与枫岭花岗岩、浮盖山花岗岩一起完整地构成了闽浙早白垩世三期岩浆活动事件，为其他地区所罕见。溪口早白垩世侵入岩序列剖面为省级地质遗迹。

（3）张家山变质岩露头——县级

张家山溪床中的元古代八都群或麻源群黑云母斜长片麻岩表现了4种该地质体的所有重要特征：多期变形、含花岗岩及石英两种脉体、混有斜长角闪岩团块、有晚期伟晶岩脉侵入。这么良好的露头在浙江省内并不多见，具有很强的代表性，是研究元古代地质的良好地点。该露头区至少为县级地质遗迹。

（4）龙潭溪峡谷河段——一般级

龙潭溪峡谷河段长0.8km，溪水清澈湍急，溪床多深潭和岩滩，是江山仙霞岭山脉中一段比较典型的峡谷河段，具有一定的观赏性，被评定为一般级（县级以下）地质遗迹。

在生物景观层面，浮盖山发育了63.6ha的原始次生林，是重要的地带性常绿阔叶林。生物多样性较突出，有国家级和省级重点保护树种27种、特有植物4种、国家重点保护动物10种。浮盖山原始次生林为省级植被景观。

在人文景观层面，浮盖山保存了枫岭关、部分仙霞古道、里山寺、叠石寺等一批江山市文物保护单位，是反映唐代至民国初年仙霞古道发展历史的重要证据。其中，枫岭关素有“东方剑阁”和“浙西南第一门户”之誉，为中国古代名关之一，被评为省级人文景观；其他文保单位被评为县级人文景观。徐霞客亦盛赞浮盖山“盘石累叠，重楼复阁”的独特景观。他的作品《浮盖山游记》为公园重要文化遗产。

6.3 自然保护地候选范围的初划

6.3.1 调查单元空间聚类与资源本底评估

在自然保护地的初步叠加与整合中，叠加图层由于通过软件处理和数学运算产生了不连续、破碎化的区域，不便于保护地后期管理工作的进行，因此需要依据资源本底单元区划，综合考虑地貌、土壤和植被特征，使得具有相似特征的地貌、土壤和植被分析单元能够形成聚类。

结合江山市域范围内自然保护地的具体情况和数据的可得性，选取林业调查单元作为基本的统计单元（图6.10）。

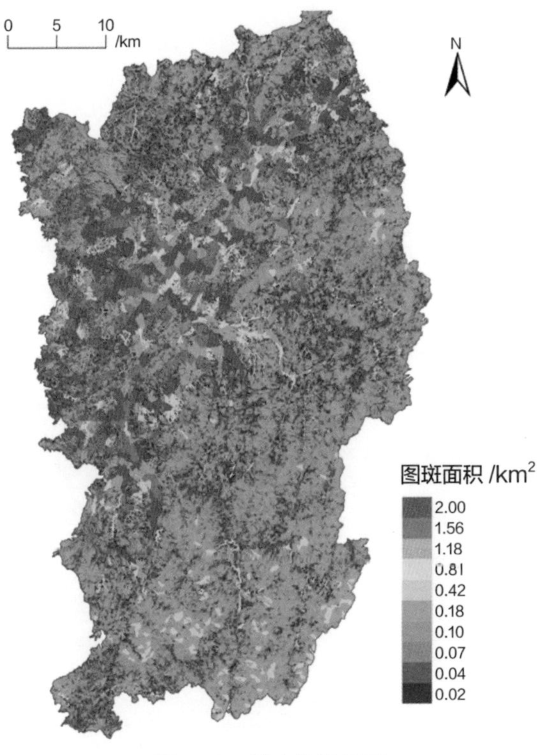

图6.10 基本统计单元

首先，对地形地貌单元进行评估，以保障具有相对连续性的地形地貌单元完整性为首要目标，以相关资料中的地理单元分区为基础，根据对地形地貌的综合评价，以具有显著标识的大型地理界限为参考，进行人工聚类形成地形地貌区划（郭子良等，2013）。对每个统计单元的地貌条件、土壤条件和植被条件进行分类或者分级。其中，地貌条件考虑的内容如下：

① 地形，含丘陵、低山、中山和平原4类；

② 坡度级，含陡坡、缓坡、急坡、平坡、险坡和斜坡6级；

③ 坡向，含东、西、南、北、东南、东北、西北、西南8个坡向；

④ 坡位，含谷、脊、平、上、下、中、全7个位置（图6.11）。

其次，对土壤单元进行评估，具体考虑如下：

① 土层厚度，依据林业调查中的土层厚度数据，依据自然断点法，按照从小到大的顺序将其分为5类，分别为很薄(0 ～ 15cm)，薄(> 15cm，且≤40cm)，中(> 40cm，且≤55cm)，厚(> 55cm，且≤70cm)，很厚(>70cm)；

② 土壤名称，含粗骨土、红壤、黄壤、水稻土4种；

③ 土壤种类，含壤土、砂土、黏土3种（图6.12）。

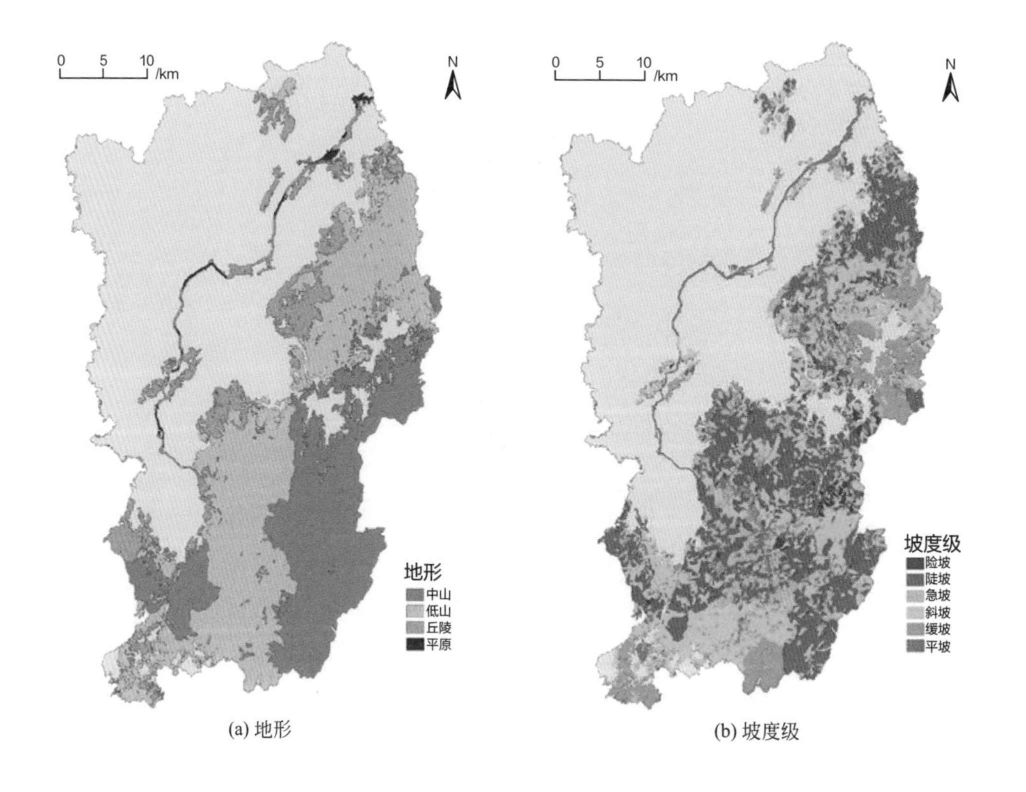

(a) 地形　　(b) 坡度级

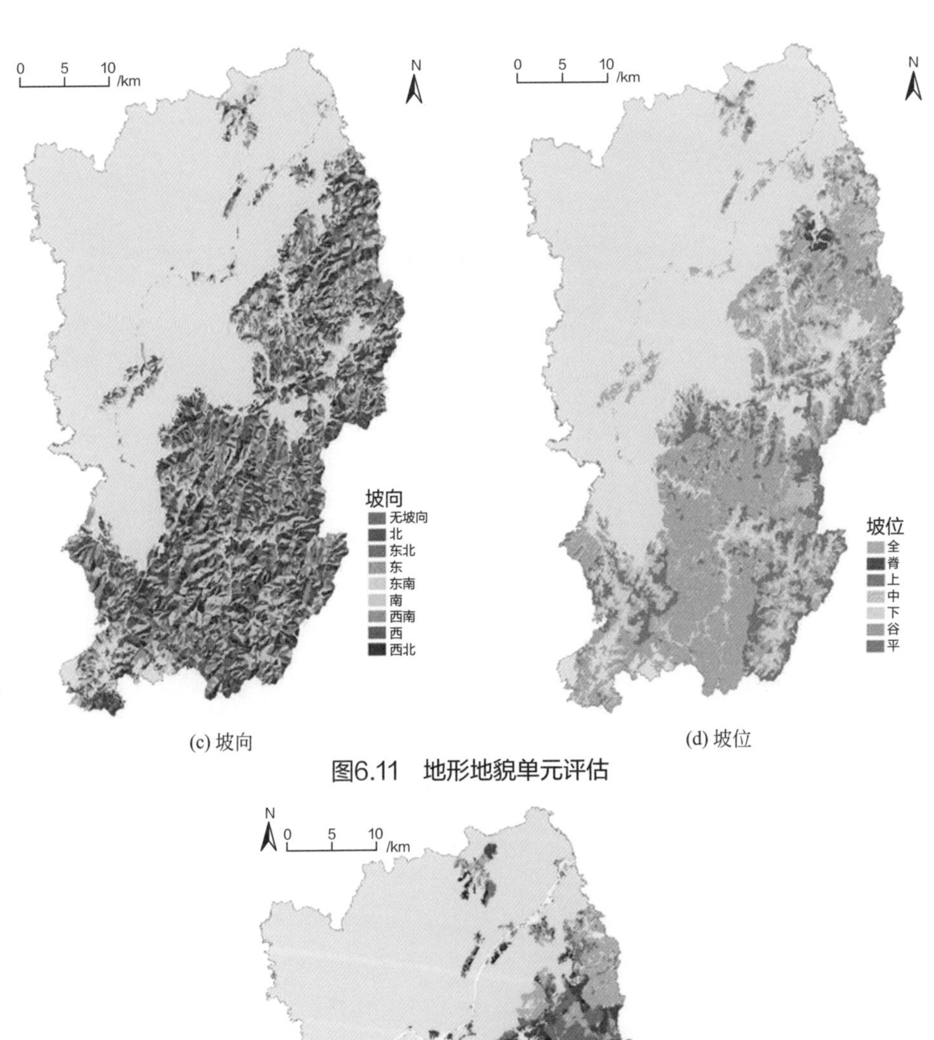

(c) 坡向 (d) 坡位

图6.11 地形地貌单元评估

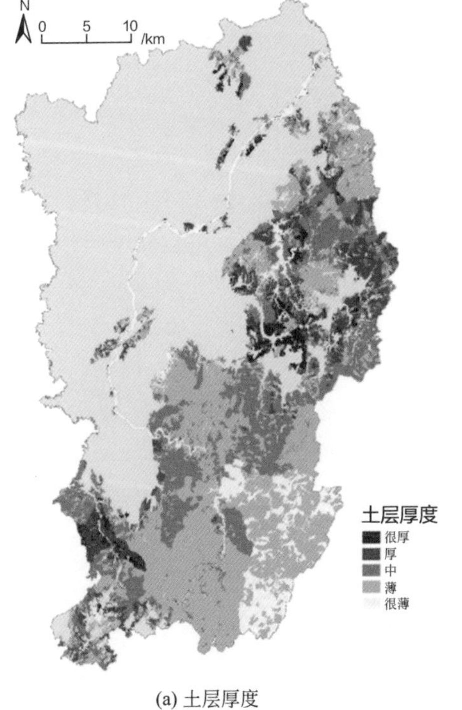

(a) 土层厚度

图6.12

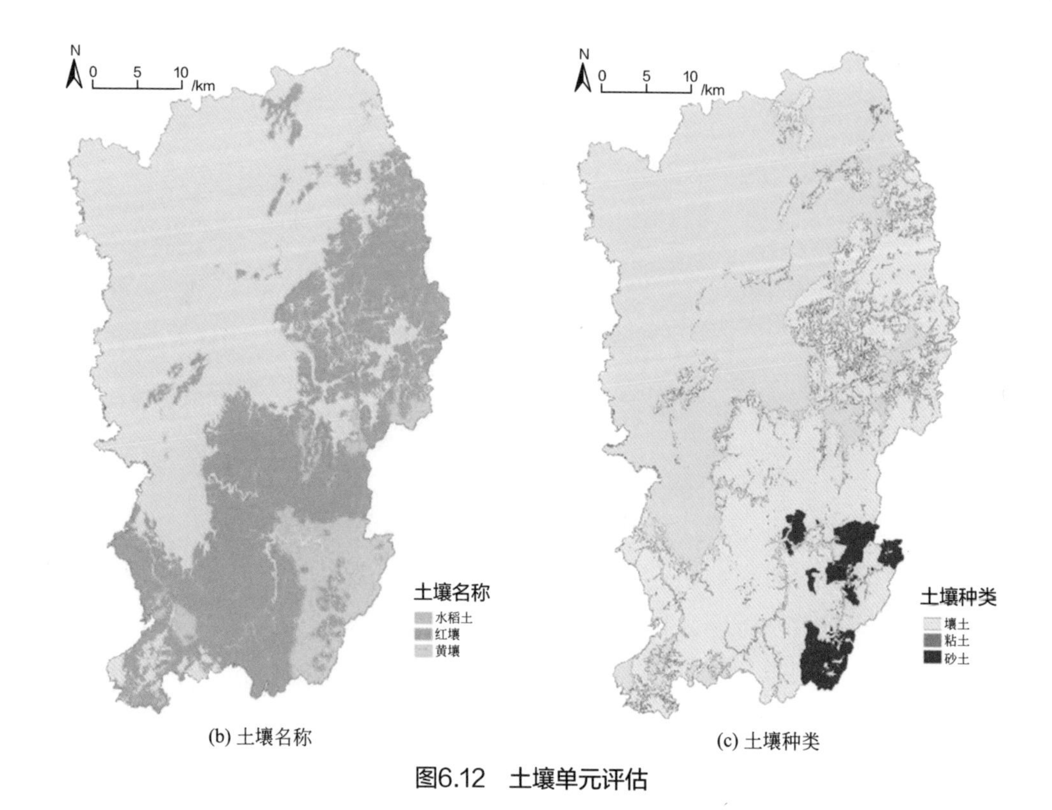

(b) 土壤名称

(c) 土壤种类

图6.12　土壤单元评估

最后，对植被单元进行评估，具体考虑如下：

① 植被覆盖度。依据林业调查中的植被覆盖度数据和自然断点法，按照从小到大的顺序将其分为5类，分别为很低(0 ～ 15%)，低(> 15%，且≤40%)，中(> 40%，且≤55%)，高(> 55%，且≤65%)，很高(> 65%，且≤100%)。

② 植被平均高度。依据林业调查中的植被高度调查数据和自然断点法，按照从小到大的顺序将其分为5类，分别为很低(0 ～ 1.5m)，低(> 1.5m，且≤4.2m)，中(> 4.2，且≤6.3m)，高(> 6.3，且≤9.2m)，很高(>9.2m)。

③ 植被郁闭度。依据林业调查中的植被郁闭度调查数据和自然断点法，按照从小到大的顺序将其分为5类，分别为很低(0 ～ 0.15)，低(> 0.15，且≤0.45)，中(> 0.45，且≤0.65)，高(> 0.65，且≤0.8)，很高(>0.8)。

④ 植被平均胸径。依据林业调查中的植被胸径调查数据和自然断点法，按照从小到大的顺序将其分为5类，分别为很低(0cm)，低(> 0cm，且≤10.2cm)，中(> 10.2cm，且≤14.2cm)，高(> 14.2cm，且≤19.2cm)，很高(>19.2cm)。

⑤ 植被疏密度。依据林业调查中的植被疏密程度调查数据和自然断点法，按照从小到大的顺序将其分为5类，分别为很低(0 ～ 0.18)，低(> 0.18，且≤0.48)，中(> 0.48，且≤0.72)，高(> 0.72，且≤1.52)，很高(>1.52，且≤4.27)。

⑥ 植被平均树龄。依据林业调查中的植被树龄调查数据，将其分为成熟林、过熟林、近熟林、幼龄林、中龄林5个类别。

⑦ 植被树种结构。依据林业调查中的植被树种调查数据，共包含阔叶林、针叶林和针阔叶混合林3类（图6.13）。

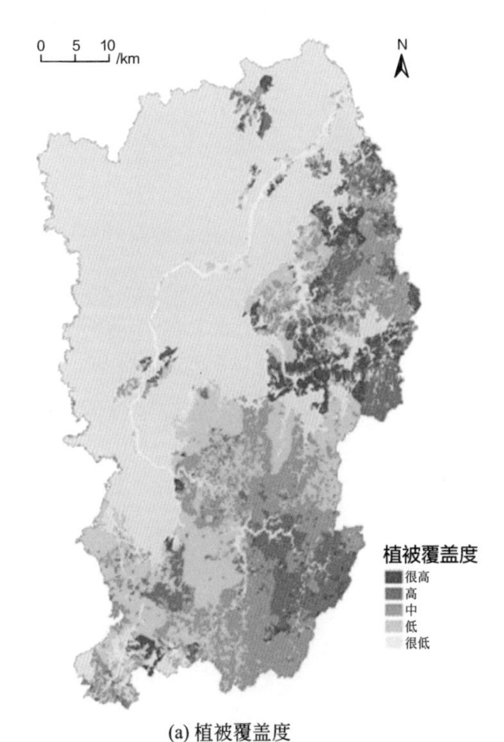

(a) 植被覆盖度

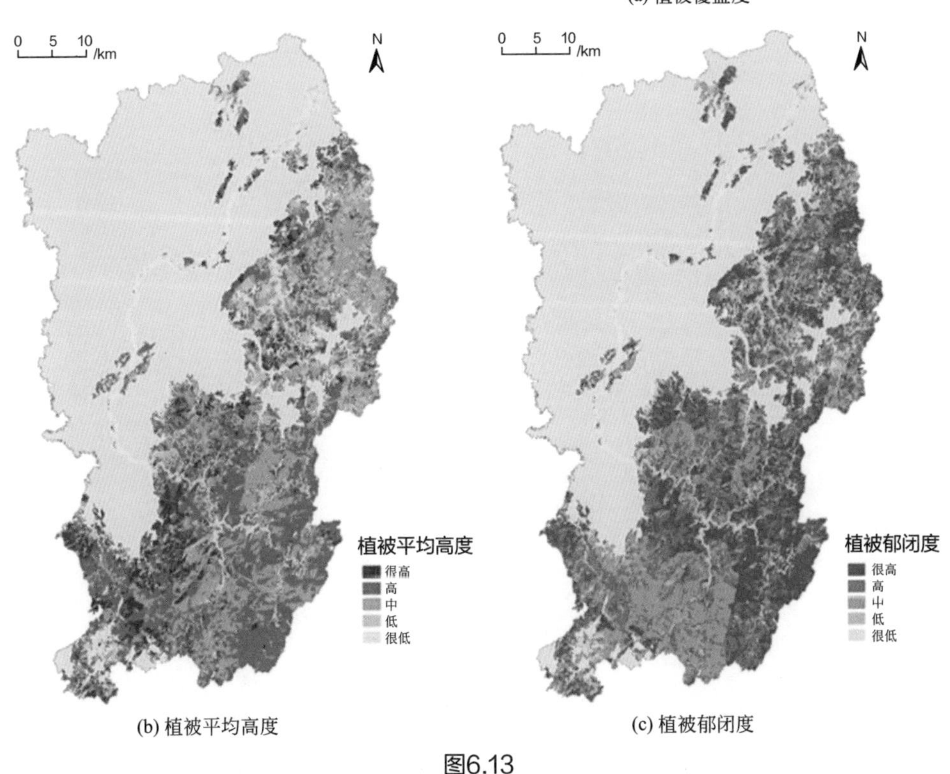

(b) 植被平均高度

(c) 植被郁闭度

图6.13

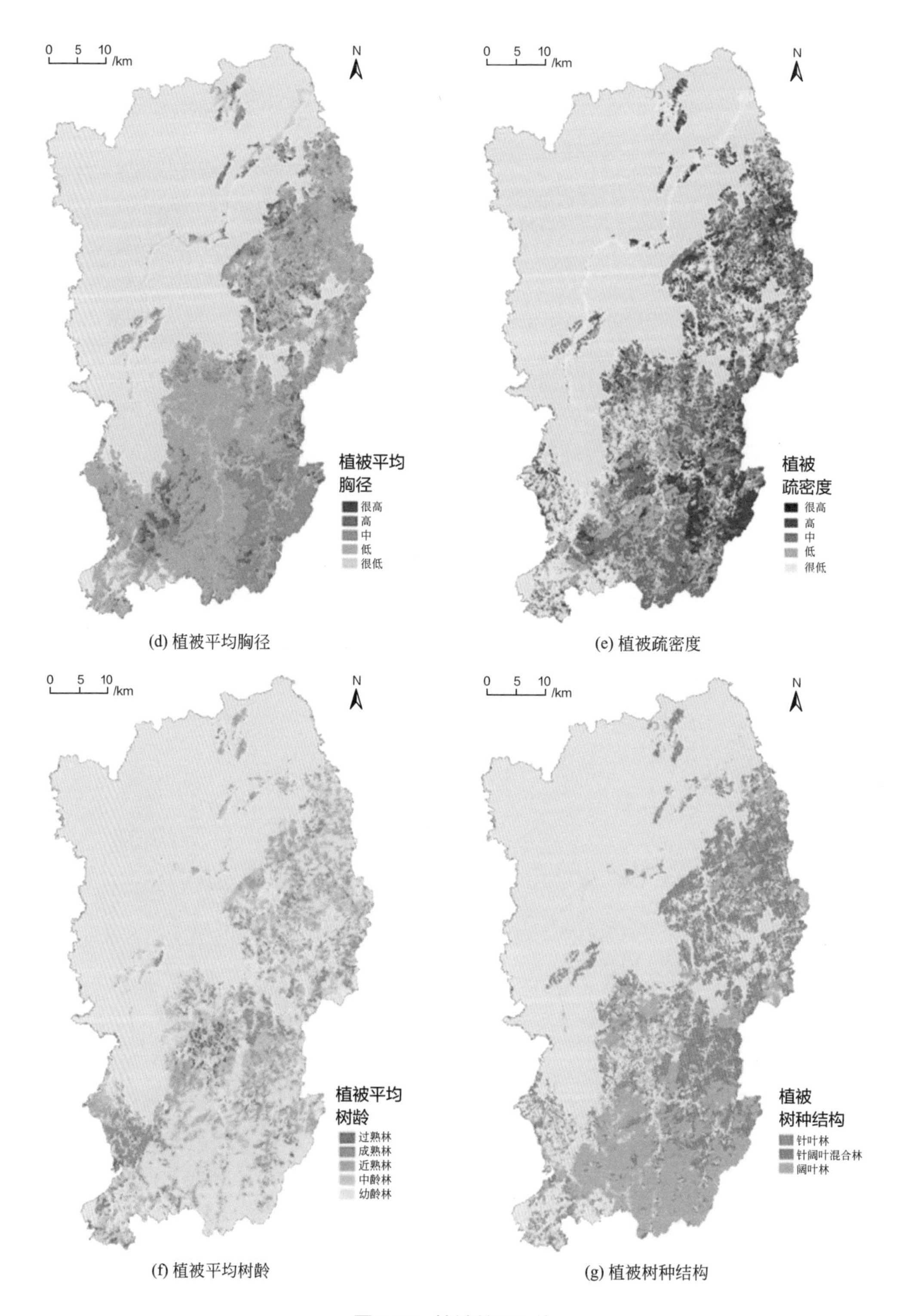
0 5 10 /km
N
植被平均胸径
很高
高
中
低
很低
(d) 植被平均胸径
0 5 10 /km
N
植被疏密度
很高
高
中
低
很低
(e) 植被疏密度
0 5 10 /km
N
植被平均树龄
过熟林
成熟林
近熟林
中龄林
幼龄林
(f) 植被平均树龄
0 5 10 /km
N
植被树种结构
针叶林
针阔叶混合林
阔叶林
(g) 植被树种结构

图6.13 植被单元评估

6.3.2 潜在保护地图斑划定及候选范围C2确定

将确定的自然保护地划定候选区域（即生态适宜性用地）划分为两部分：位于原有保护地范围以内的区域（PIN）和位于原有保护地范围之外的区域（POUT）。对资源本底各个特征的分级按照从低到高的顺序分别赋值1，2，3，4，5；非等级属性（如分类属性）也以1，2，3…n代替，例如地形分类中的丘陵、低山、中山和平原分别赋值1，2，3，4。分别统计PIN和POUT各个资源本底特征的平均值，统计结果如表6.2所示。

表6.2 原有保护地范围以内的区域和位于原有保护地范围之外的区域资源本底特征指标平均值

指标	PIN	POUT
土层厚度	2.439446	2.764656
土壤名称	1.940435	2.023209
土壤种类	1.008651	0.993066
植被覆盖度	2.592437	2.982063
植被平均高度	3.394464	3.260039
植被郁闭度	3.47479	3.636158
植被疏密度	1.984429	2.074757
植被平均胸径	1.121849	1.077941
植被平均树龄	1.752101	1.83545
植被树种结构	1.569871	1.521129
地形	3.027929	3.110242
坡度级	2.73307	3.135822
坡向	3.460949	3.584256
坡位	3.158181	3.006121

依据资源本底特征相似性，对所有位于原有保护地范围之外的图斑进行重新归类，分为潜在保护地图斑和非保护地图斑两类。其相似性按照下列公式计算：

$$\mathrm{Sim}(m, T)=\frac{1}{1+\sqrt{\sum_{p=1}^{q}\left(V_{mp}-V_{Tp}\right)^{2}}} \tag{6-1}$$

式中，V_{mp}为图斑m的第p个特征的值；V_{Tp}则是PIN或者POUT的第p个特征的平均值，即表6.2所示；q为特征数；m为图斑编号；T为指标分类；Sim为待分类图斑m与已有分类T的相似性。

则对于当前待考察图斑m，分别计算其与PIN和POUT的相似性，将相似性高的作为当前考察图斑m的归类依据。则新筛选的保护地候选范围C2如图6.14所示。

图6.14　自然保护地候选范围C2

6.4　自然保护地范围边界的优化调整

6.4.1　现状自然保护地边界整合

6.4.1.1　叠加资源本底图斑优化边界

叠加自然保护地候选范围C2与自然遗迹（江山市区边缘地质遗迹、城北地质遗迹、江郎山地质遗迹、浮盖山地质遗迹），人文景观（现有江郎山国家级风景名胜区总规划文本中确定的一级、二级、三级和四级人文景观源），历史文化遗迹（图6.15），以及具有重要生态价值和维护生态安全的图斑（图6.16）（提取林业调查数据中林地覆盖度大于65%，保护等级最高，且群落结构完整的图斑和重要的水源地），并与具有完整物种群落结构的图斑区域（图6.17）（以植被群落完整性代替）相交，得到新的自然保护地筛选范围C3（图6.18）。

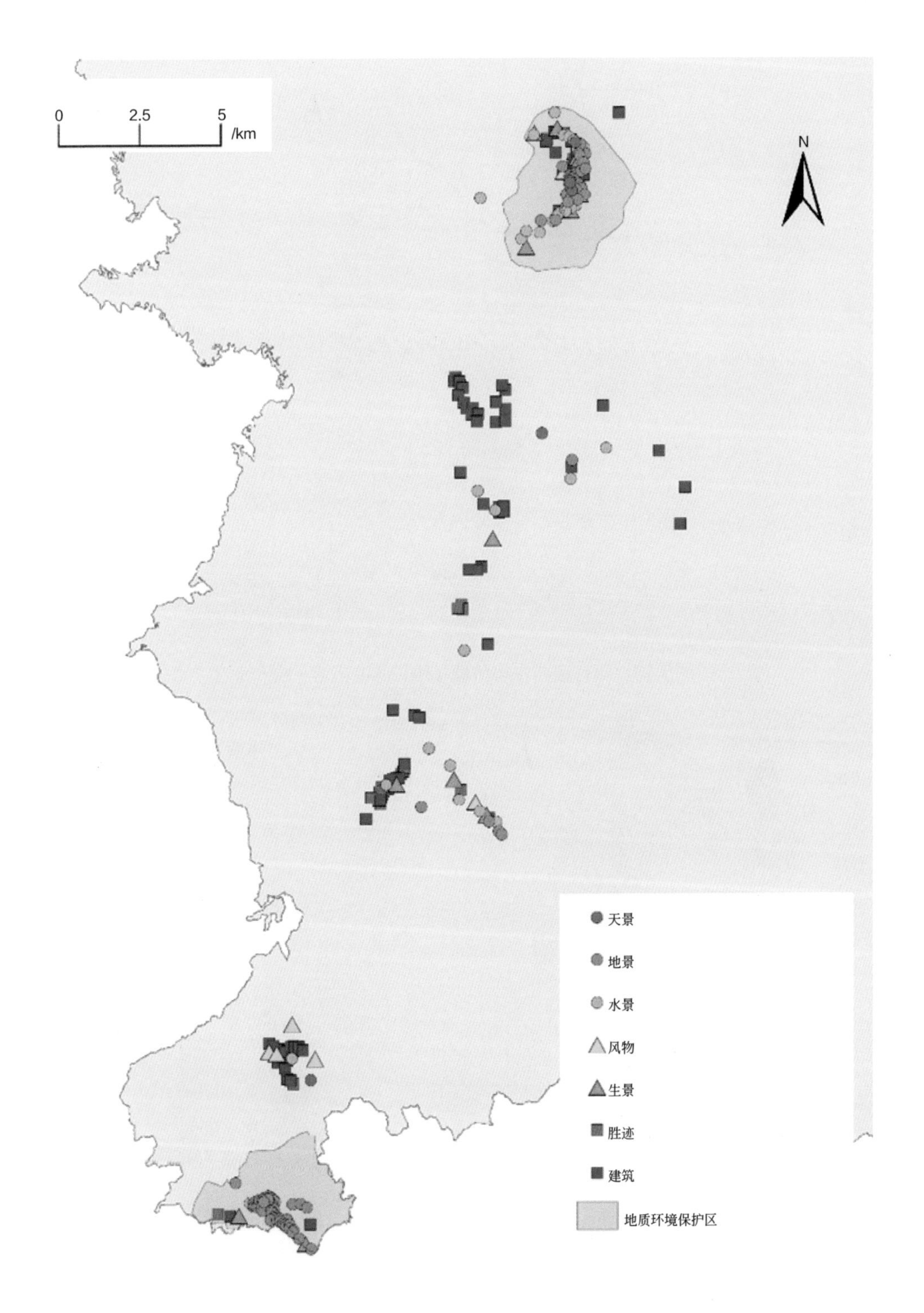

图6.15　江山市自然和人文景源分布图

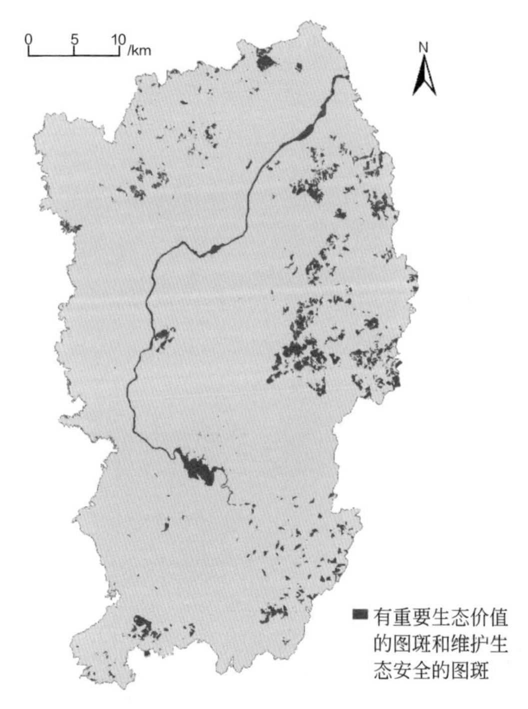

图6.16 具有重要生态价值和维护生态安全的图斑分布

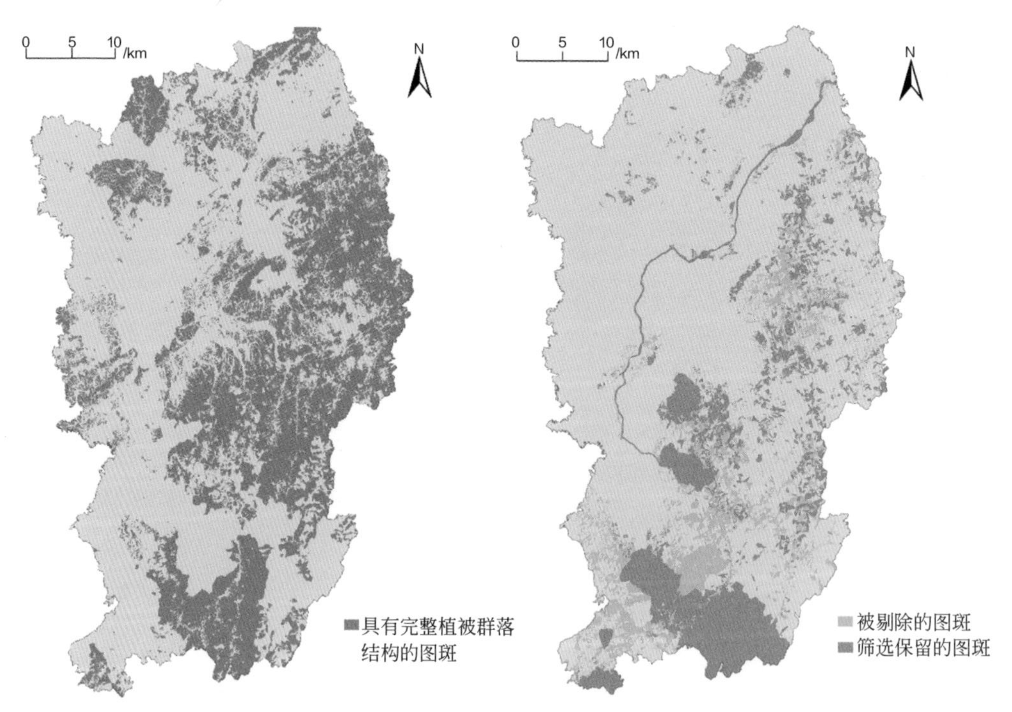

图6.17 具有完整物种群落结构的图斑分布
（以植被群落完整性代替）

图6.18 自然保护地筛选范围C3

6.4.1.2 图斑初步剔除与筛选

① 结合二调土地利用调查数据，如果考察图斑与采矿权用地、城市用地、建制镇用地、水工建筑用地、设施农用地、茶园用地、果园用地存在相交，则该图斑被剔除保护地候选范围。

② 剔除归个人所有的自然资源经营权区域（以林权代替）。

③ 剔除由上述步骤产生的碎小独立的图斑，或者图斑簇内图斑个数小于10，以尽量保证图斑的连通性。

④ 考虑重要道路交通、河流线和行政区界限的围限与切割情况，采用人工判别的方式，进行斑块的剔除。例如沿着主干道狭长分布的斑块，易受交通环境的影响，应该被剔除；斑块面积较小，且覆盖多个行政区，给管理带来困难的，也应该被剔除；被河流和行政区界限围切形成的图斑孤岛，也应被剔除（图6.19～图6.24）。

由此得出自然保护地筛选范围C4（图6.25）。

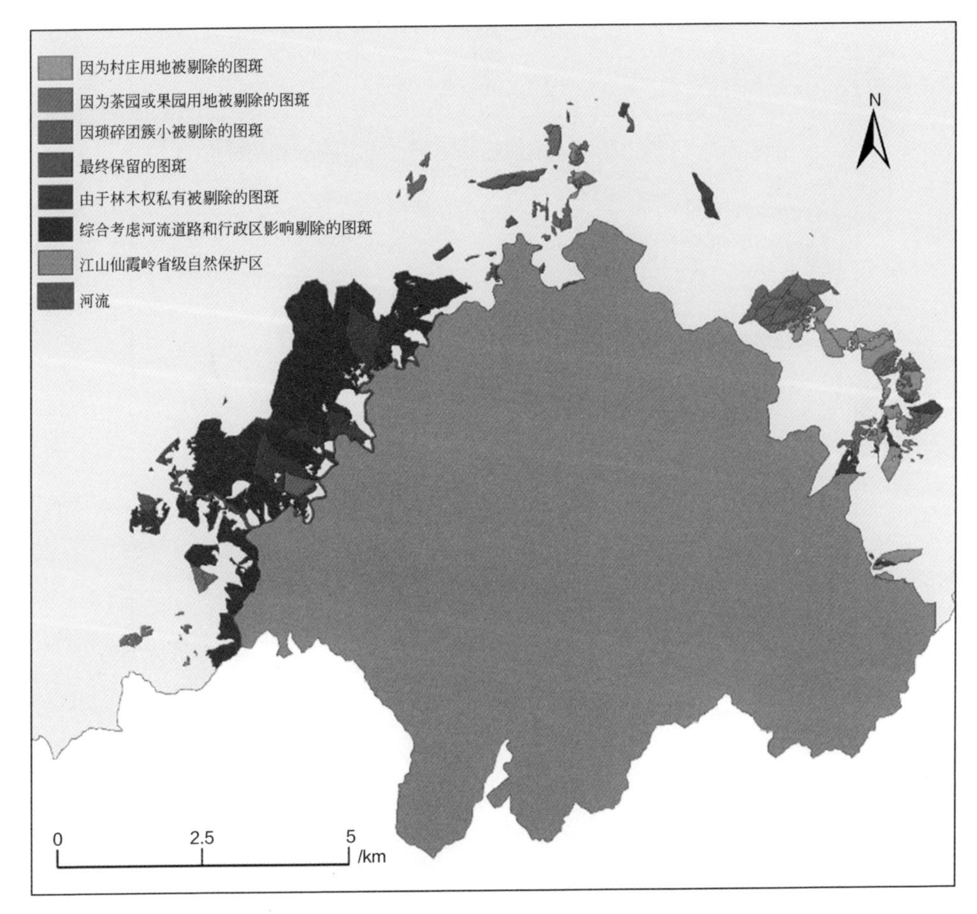

图6.19　江山仙霞岭省级自然保护区周边图斑剔除原因分类

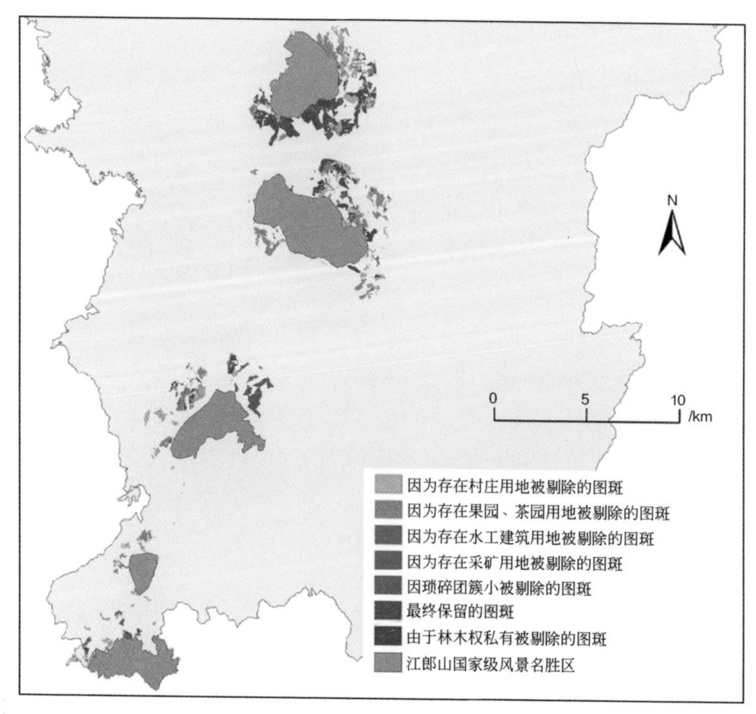

图6.20　江郎山国家级风景名胜区周边图斑剔除原因分类

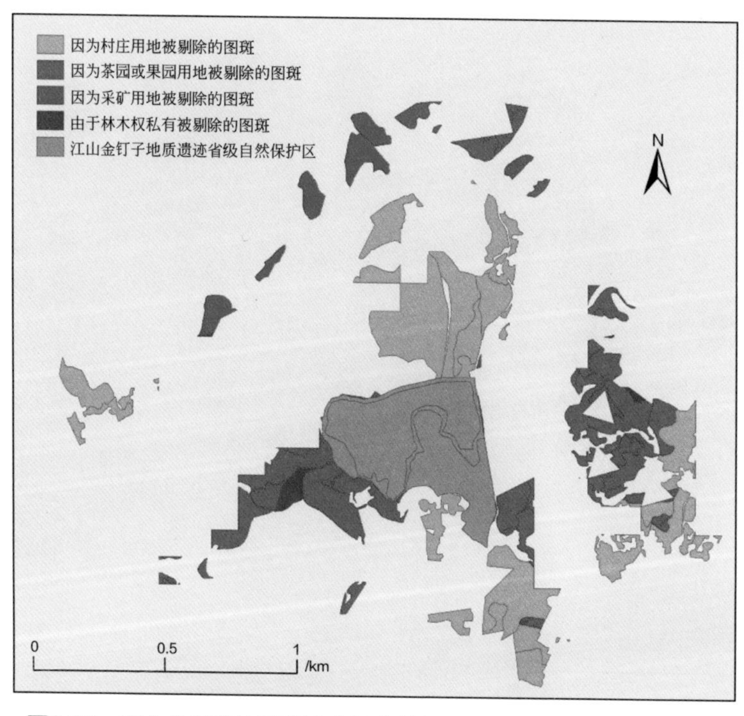

图6.21　江山金钉子地质遗迹省级自然保护区周边图斑剔除原因分类

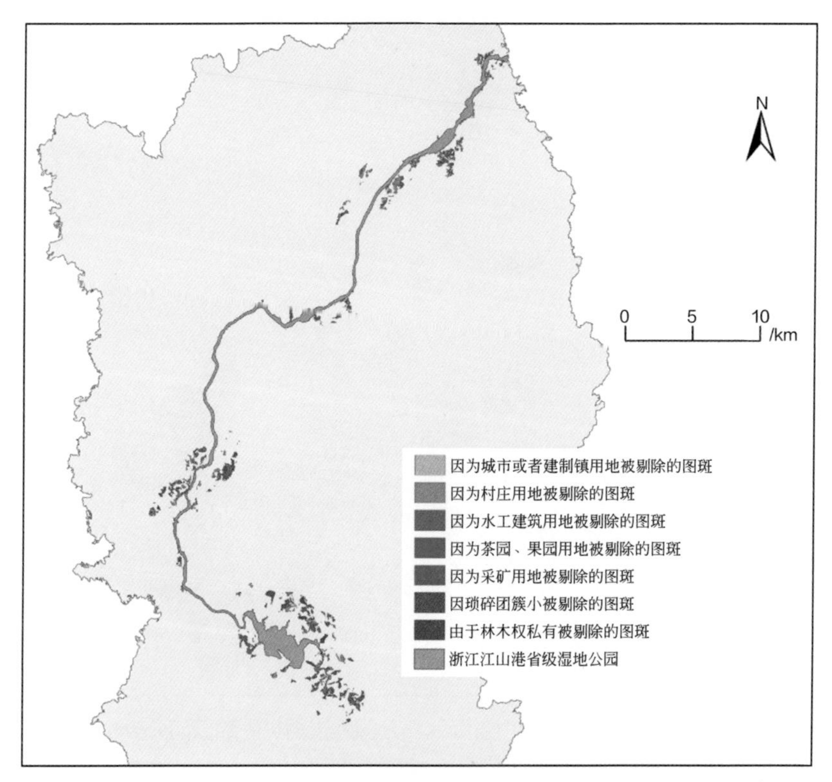

图6.22　浙江江山港省级湿地公园周边图斑剔除原因分类

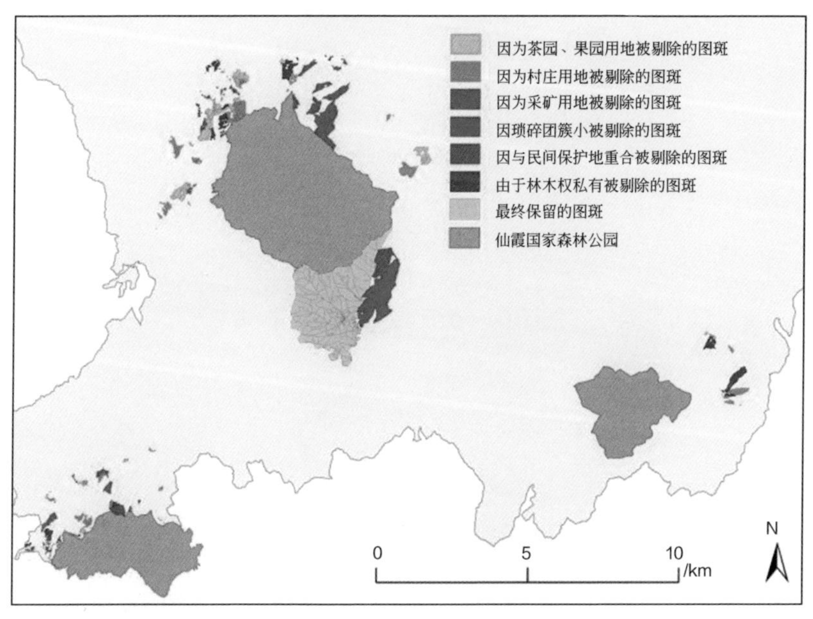

图6.23　仙霞国家森林公园周边图斑剔除原因分类

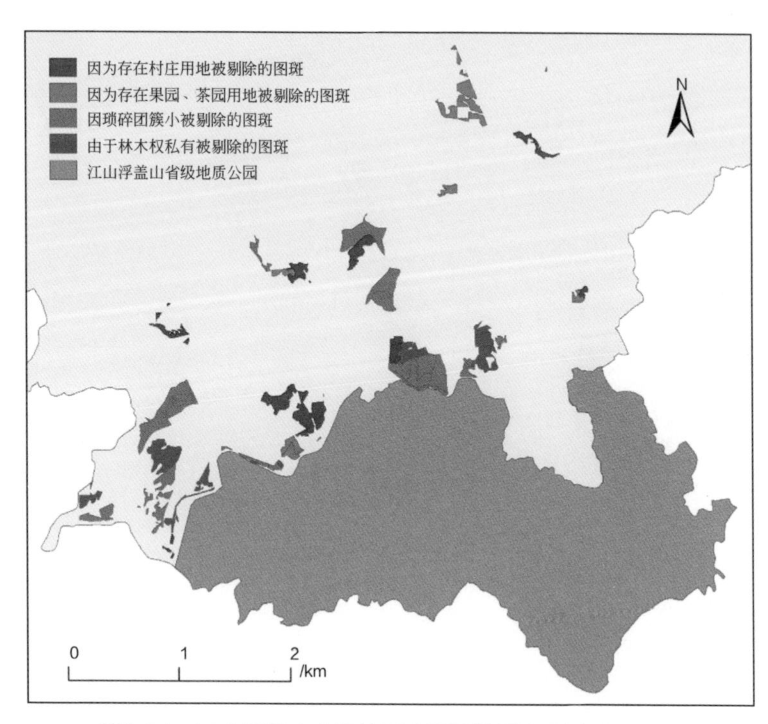

图6.24 江山浮盖山省级地质公园周边图斑剔除原因分类

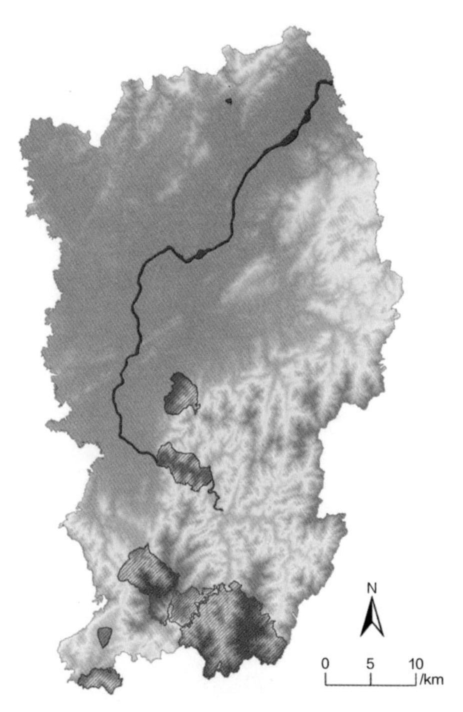

图6.25 自然保护地筛选范围C4

6.4.1.3　整合现有自然保护地范围边界

将经过图斑剔除与筛选的自然保护地筛选范围C4与现状自然保护地范围边界进行整合，优化筛选范围边界，得到优化后的筛选范围C5（图6.26）。

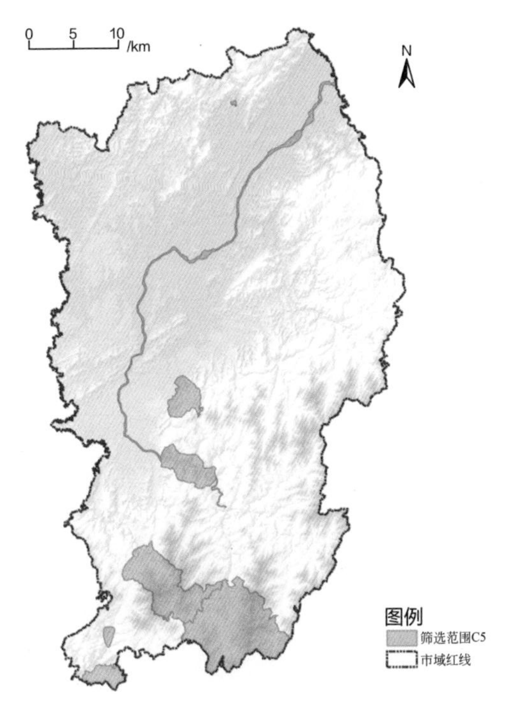

图6.26　整合现状自然保护地后的筛选范围C5

对比现有保护地，边界增加和减少的部分如图6.27和图6.28所示。

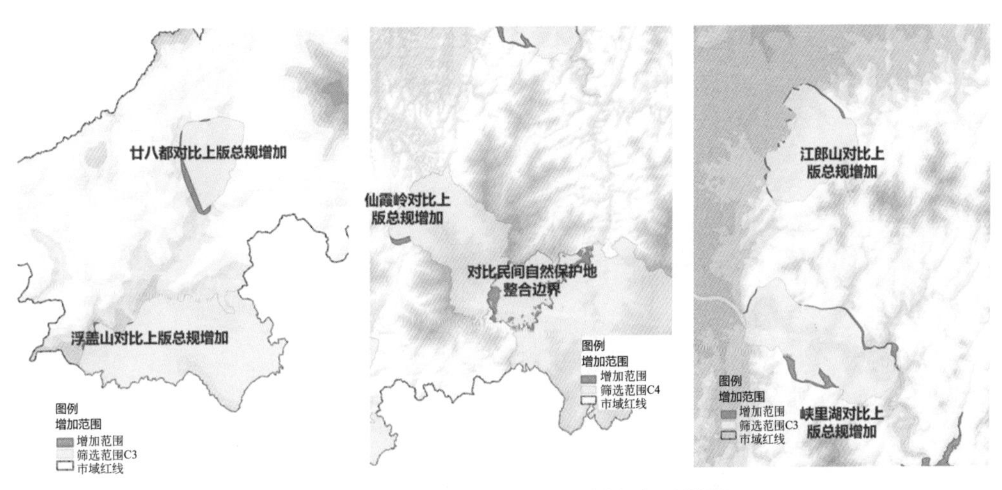

图6.27　对比现有保护地边界增加部分详图

［上版总规为《江郎山国家级风景名胜区总体规划（2010—2025）》］

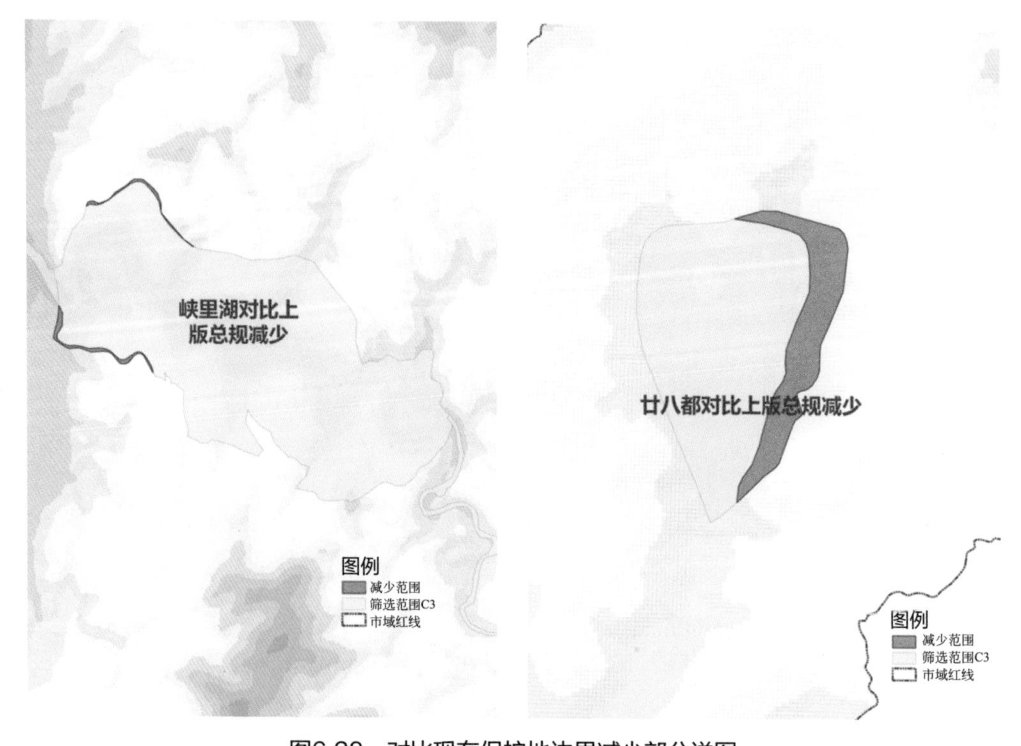

图6.28　对比现有保护地边界减少部分详图

［上版总规为《江郎山国家级风景名胜区总体规划（2010—2025）》］

综上，江郎山区域对比现状自然保护区边界后增加15.92ha；峡里湖区域对比现状自然保护区边界后增加76.68ha；仙霞岭区域对比现状自然保护区边界后增加26.21ha；廿八都区域对比现状自然保护区边界后增加19.32ha；浮盖山区域对比现状自然保护区边界后增加1.42ha；民间自然保护地区域对比现状自然保护区边界后增加199.06ha。另外，峡里湖区域对比现状自然保护区边界后减少14.46ha；廿八都区域对比现状自然保护区边界后减少48.35ha。

调整后保护地边界共计增加2.76km^2。

6.4.1.4　衔接既有建设管制条件

（1）衔接乡镇、村庄建设用地边界

根据《关于在国土空间规划中统筹划定落实三条控制线的指导意见》，建议自然保护地边界范围划定时，尽量避开周边乡镇及村庄建设用地边界，已划入区域应逐步有序退出或依法采取相应措施。

（2）衔接重要道路交通设施

基于现实可操作性及边界的矢量特征，结合卫星影像图、最新土地利用调查中提供的土地利用现状信息等数据进行叠加核对，避免自然保护地范围边界与道路之间存在破碎斑块，尽量保证边界顺沿道路等具有标识性的空间物质载体。

衔接乡镇、村庄建设用地边界整合后的范围C6如图6.29所示。各保护地区域详图如图6.30～图6.36所示。

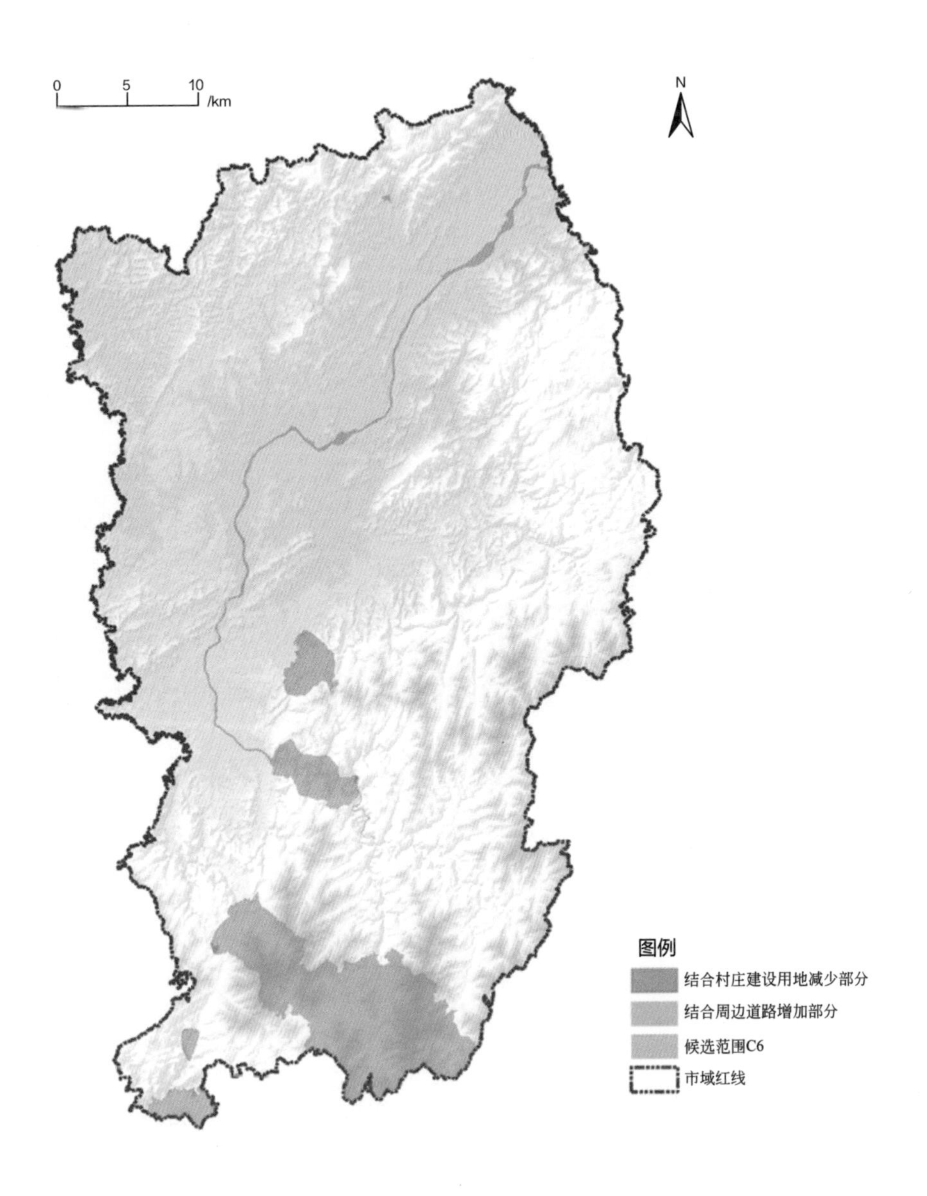

图6.29 衔接乡镇、村庄建设用地边界整合后的范围C6

江郎山

图例

- 京台高速
- 对比建设用地调整的保护地边界
- 对比原保护地调整的范围
- 保护地外部村庄
- 保护地内部村庄
- 拟规划作为特色服务区的村庄
- 边界调整后剔除的原内部村庄

图6.30　江郎山区域详图（1亩 = 666.67m^2）

峡里湖

图6.31　峡里湖区域详图（1亩＝666.67m²）

仙霞关

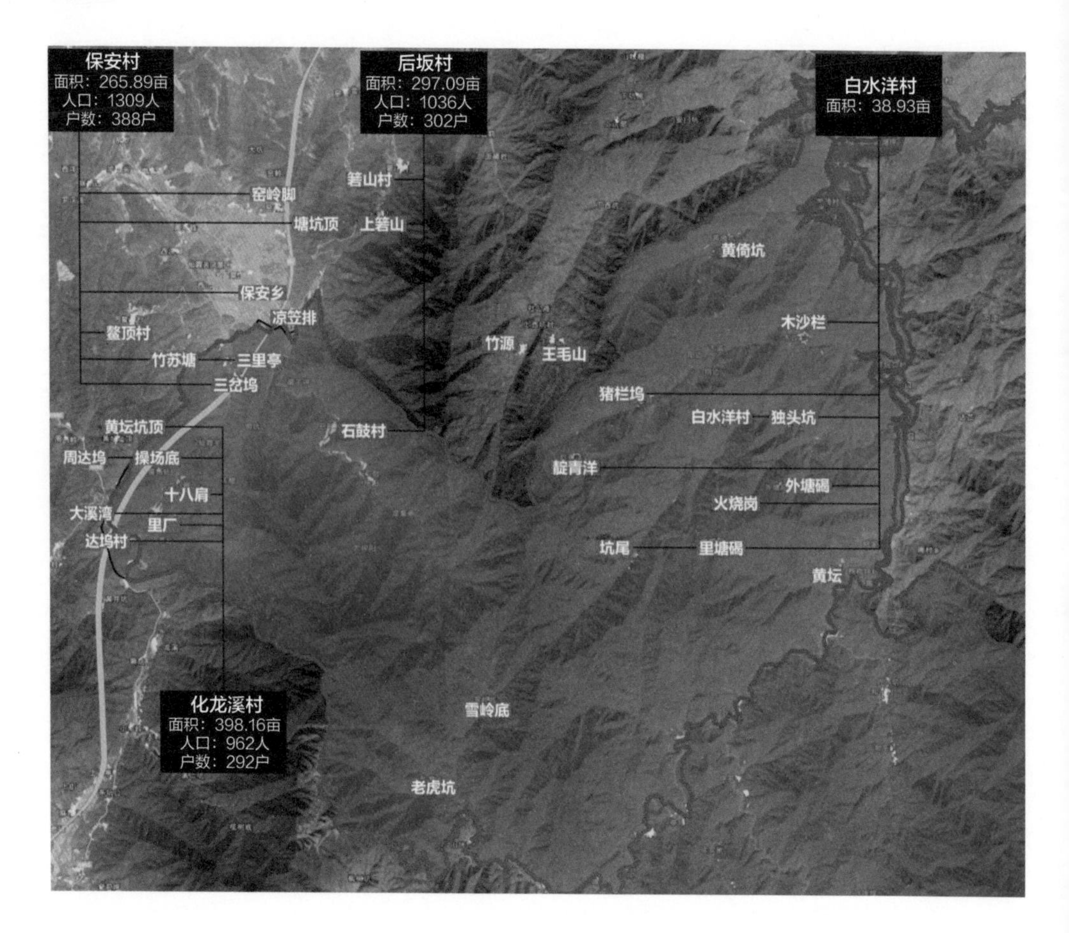

图例

京台高速

对比建设用地调整的保护地边界

对比原保护地调整的范围

保护地外部村庄

保护地内部村庄

拟规划作为特色服务区的村庄

边界调整后剔除的原内部村庄

图6.32　仙霞关区域详图（1亩 = 666.67m^2）

仙霞岭

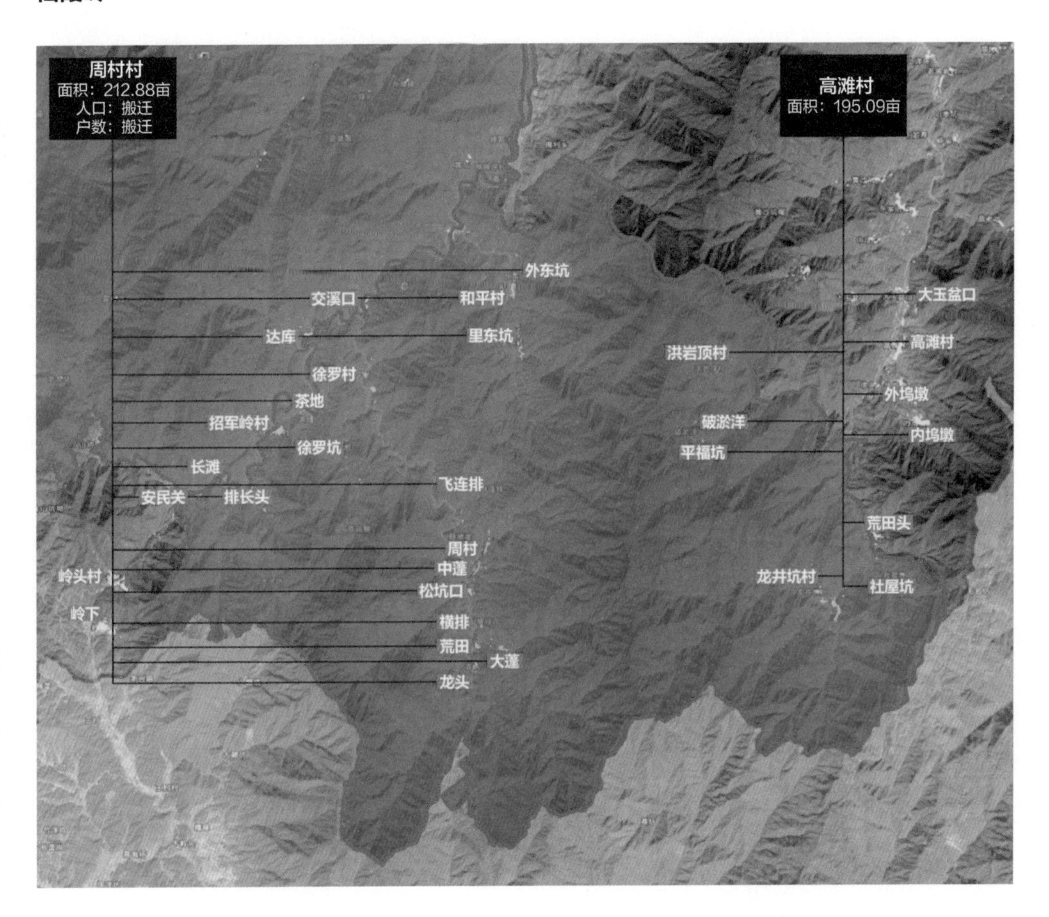

图例
对比建设用地调整的保护地边界
对比原保护地调整的范围
保护地外部村庄
保护地内部村庄

图6.33　仙霞岭区域详图（1亩 = 666.67m^2）

廿八都

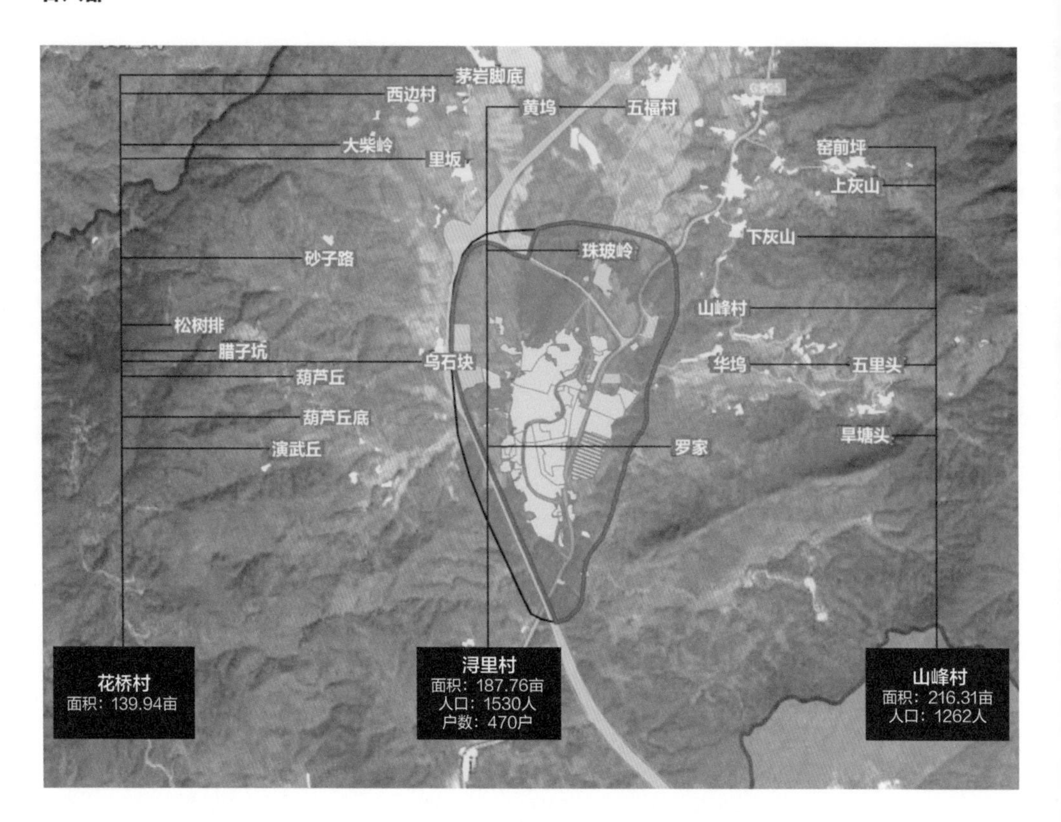

图例

- 京台高速
- 对比建设用地调整的保护地边界
- 对比原保护地调整的范围
- 建制镇
- 保护地外部村庄
- 保护地内部村庄
- 拟规划作为特色服务区的村庄
- 边界调整后剔除的原内部村庄

图6.34　廿八都区域详图（1亩＝666.67m^2）

浮盖山

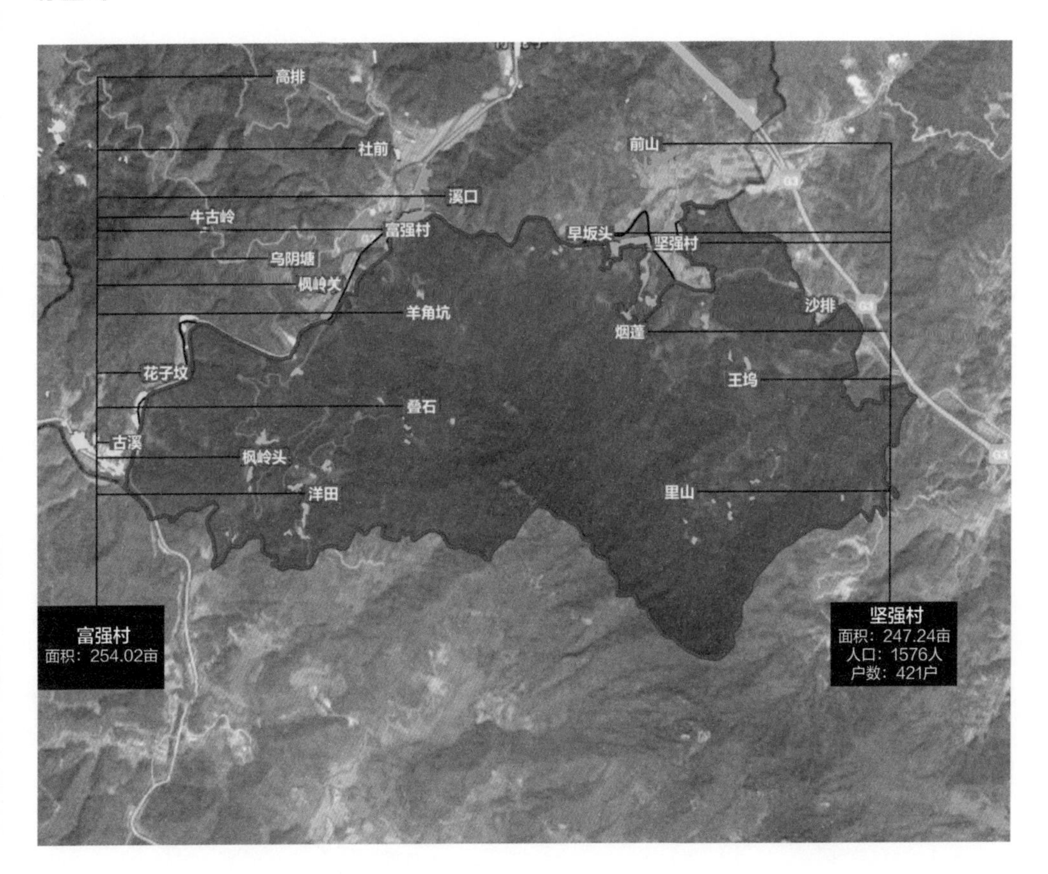

图例

京台高速

对比建设用地调整的保护地边界

对比原保护地调整的范围

建制镇

保护地外部村庄

保护地内部村庄

拟规划作为特色服务区的村庄

边界调整后剔除的原内部村庄

图6.35　浮盖山区域详图（1亩 = 666.67m^2）

金钉子

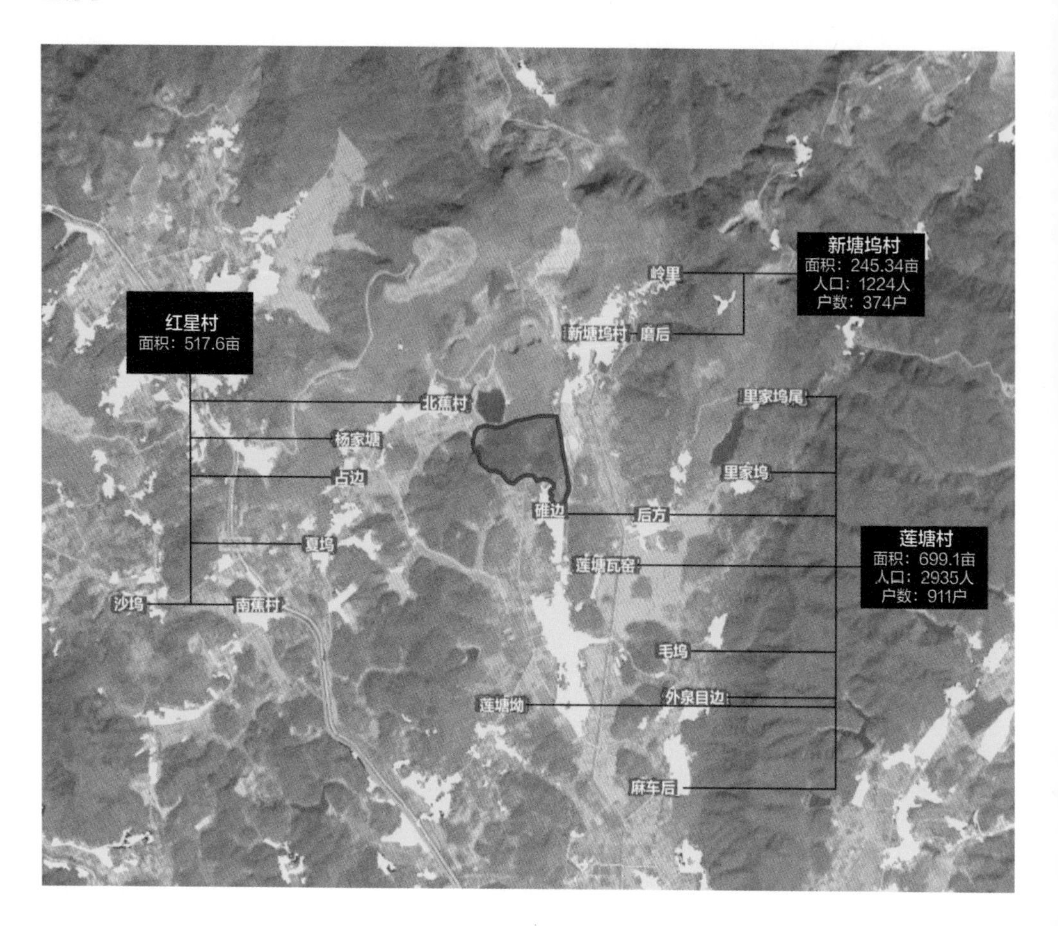

图6.36　金钉子区域详图（1亩＝666.67m^2）

综上，江郎山区域结合周边村庄建设用地边界划出范围面积约11.15ha；峡里湖区域结合周边村庄建设用地边界划出范围面积约15.03ha；仙霞关区域结合周边村庄建设用地边界划出范围面积约28.44ha；廿八都区域结合周边村庄建设用地边界划出范围面积约2.28ha；浮盖山区域结合周边村庄建设用地边界划出范围面积约8.11ha。

另外，江郎山区域结合周边道路划入范围面积约11.29ha；峡里湖区域结合周边道路划入范围面积约15.55ha；仙霞关区域结合周边道路划入范围面积约70.88ha；廿八都区域结合周边道路划入范围面积约8.13ha。

共计划出范围面积约65.01ha，划入范围面积约105.85ha，叠加之后总计增加40.84ha。

6.4.2 自然保护地范围边界整合前后对比

6.4.2.1 自然保护地整合前后范围边界对比

江山市域范围内自然保护地整合前的边界范围包括江山仙霞岭省级自然保护区、江郎山国家级风景名胜区、江山金钉子地质遗迹省级自然保护区、浙江江山港省级湿地公园、仙霞国家森林公园、江山浮盖山省级地质公园、民间保护地七种类型，共计229.11km^2；整合后的边界范围共包括江山仙霞岭省级自然保护区、江郎山国家级风景名胜区、江山金钉子地质遗迹省级自然保护区、浙江江山港省级湿地公园、民间保护地五种类型，共计161.98km^2（图6.37和图6.38）。

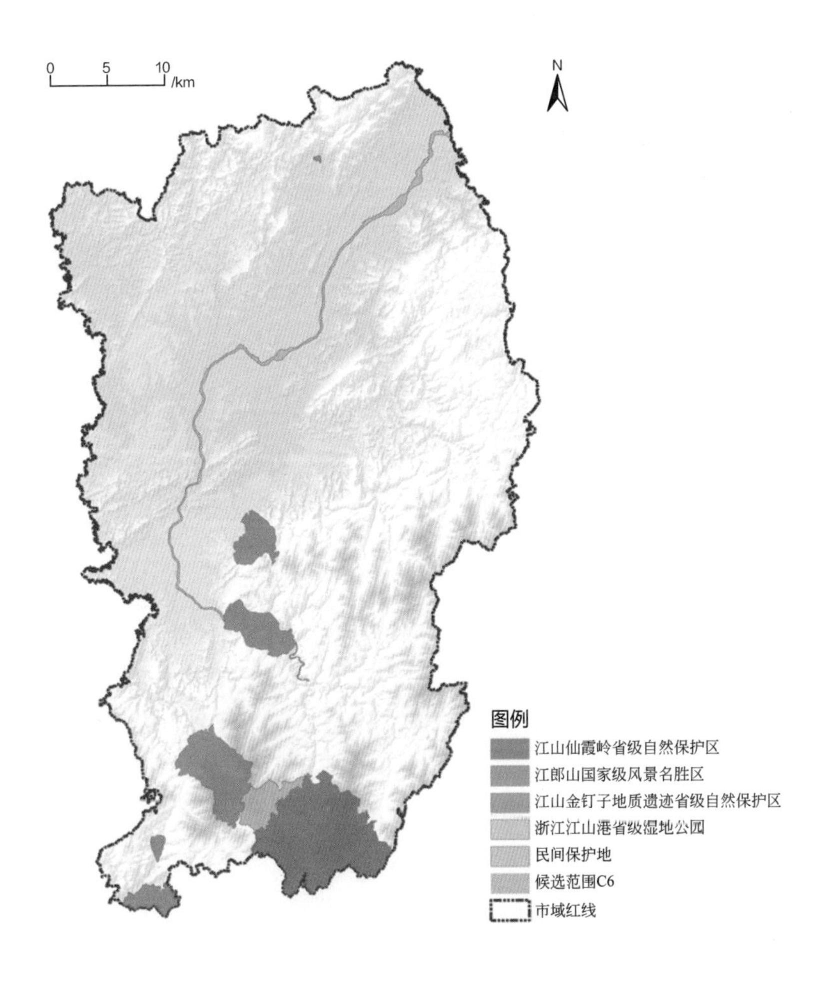

图6.37 整合最终范围

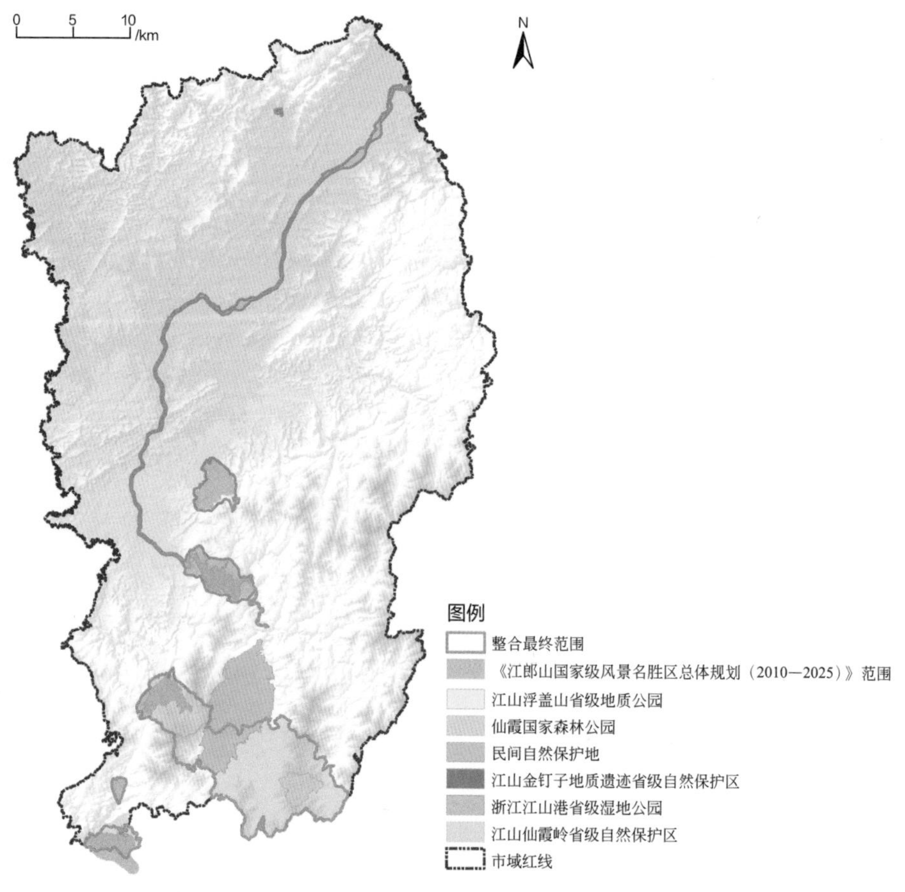

图6.38　整合最终范围与原范围对比

对比可知，原江山浮盖山省级地质公园，面积约9.41km^2，与江郎山国家级风景名胜区范围内的浮盖山景区有大范围面积重叠，在风景资源及生物资源的构成上也具有高度相似性，结合“同级别保护强度优先、不同级别低级别服从高级别”的原则，原江山浮盖山省级地质公园应纳入江郎山国家级风景名胜区范围内，与江郎山国家级风景名胜区中的浮盖山景区进行整合。

原仙霞国家森林公园内的浮盖山区块，面积约为7.81km^2，与江郎山国家级风景名胜区范围内的浮盖山景区及原江山浮盖山省级地质公园均有大范围面积重叠，在风景资源及生物资源的构成上也具有高度相似性，结合“同级别保护强度优先、不同级别低级别服从高级别”的原则，应将其纳入江郎山国家级风景名胜区范围，与江郎山国家级风景名胜区中的浮盖山景区进行整合。

浮盖山景区整合后的面积总计7.93km^2（图6.39）。

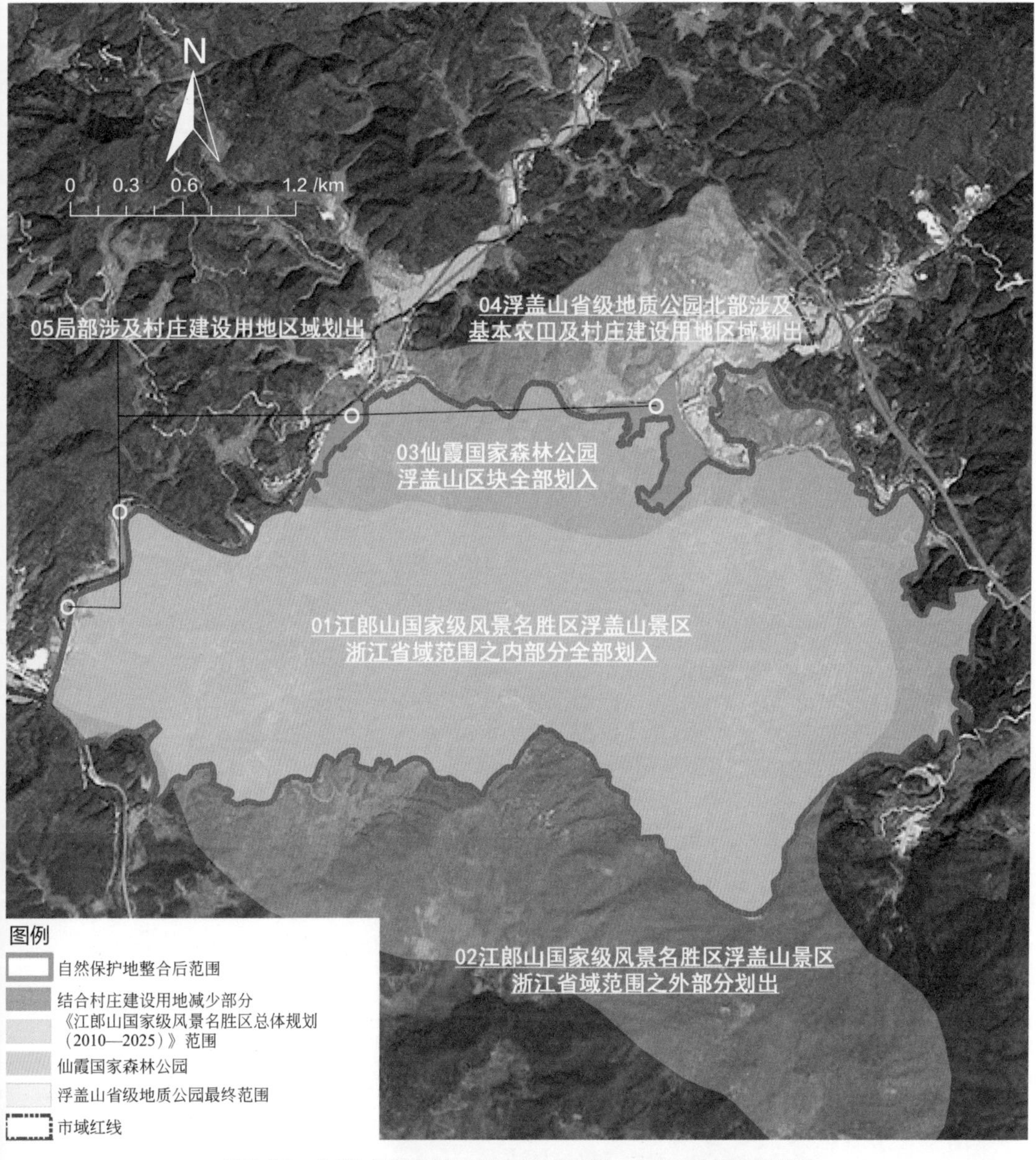

图6.39　江郎山国家级风景名胜区浮盖山景区区域整合详图

原仙霞国家森林公园的仙霞关区块，面积约为20.22km²，与江郎山国家级风景名胜区范围内的仙霞岭景区有大范围面积重叠，在风景资源及生物资源的构成上也具有高度相似性，结合“同级别保护强度优先、不同级别低级别服从高级别”的原则，原仙霞国家森林公园的仙霞关区块应纳入江郎山国家级风景名胜区范围，与江郎山国家级风景名胜区中的仙霞岭景区进行整合。仙霞岭景区整合后面积共计28.82km²（图6.40）。

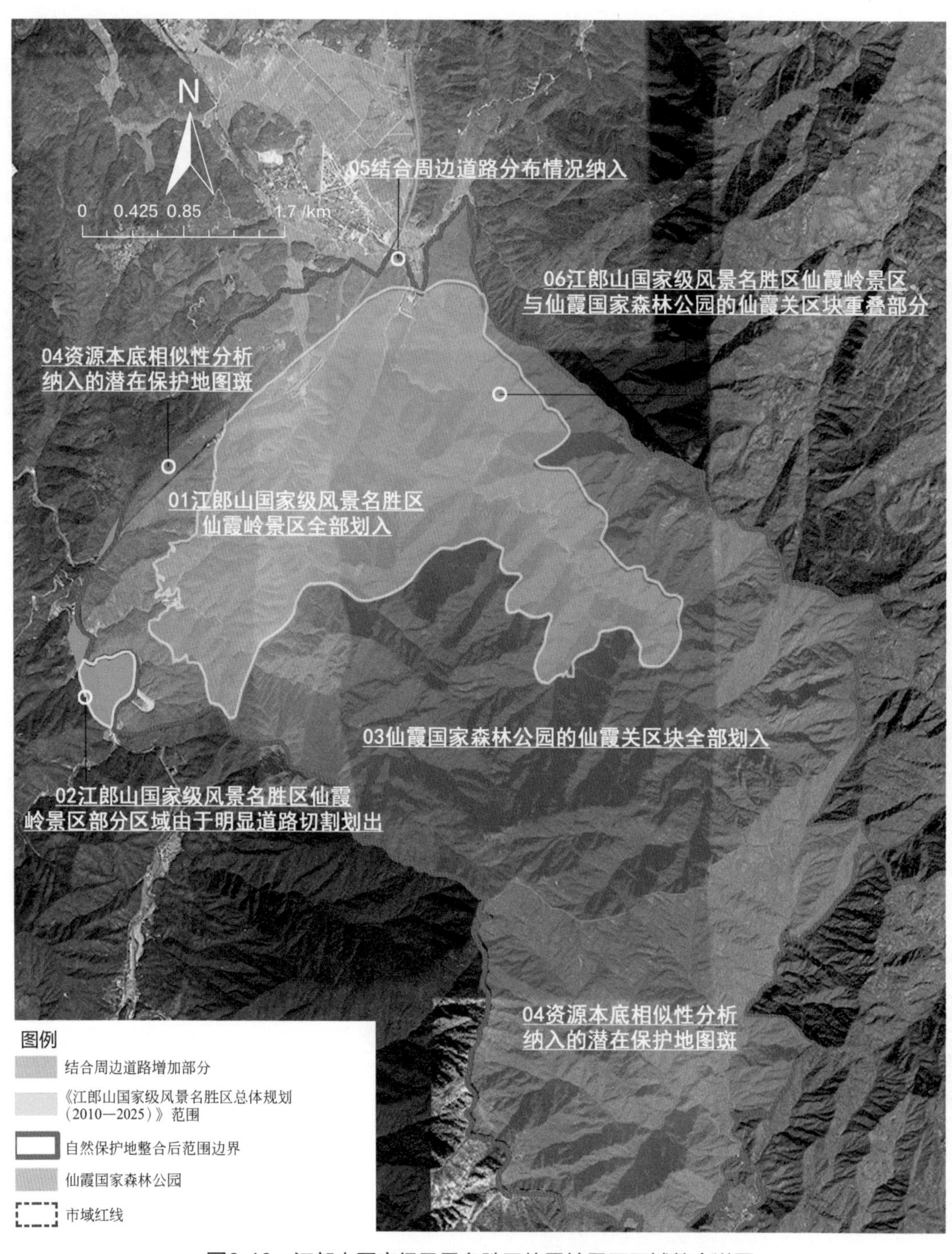

图6.40　江郎山国家级风景名胜区仙霞岭景区区域整合详图

原仙霞国家森林公园的龙井坑区块，面积约为6.46km²，全部位于江山仙霞岭省级自然保护区的范围内，结合“同级别保护强度优先、不同级别低级别服从高级别的原则”，应将其纳入江山仙霞岭省级自然保护区范围并进行整合，整合后的江山仙霞岭省级自然保护区范围面积共计69.92km²，保持不变（图6.41）。

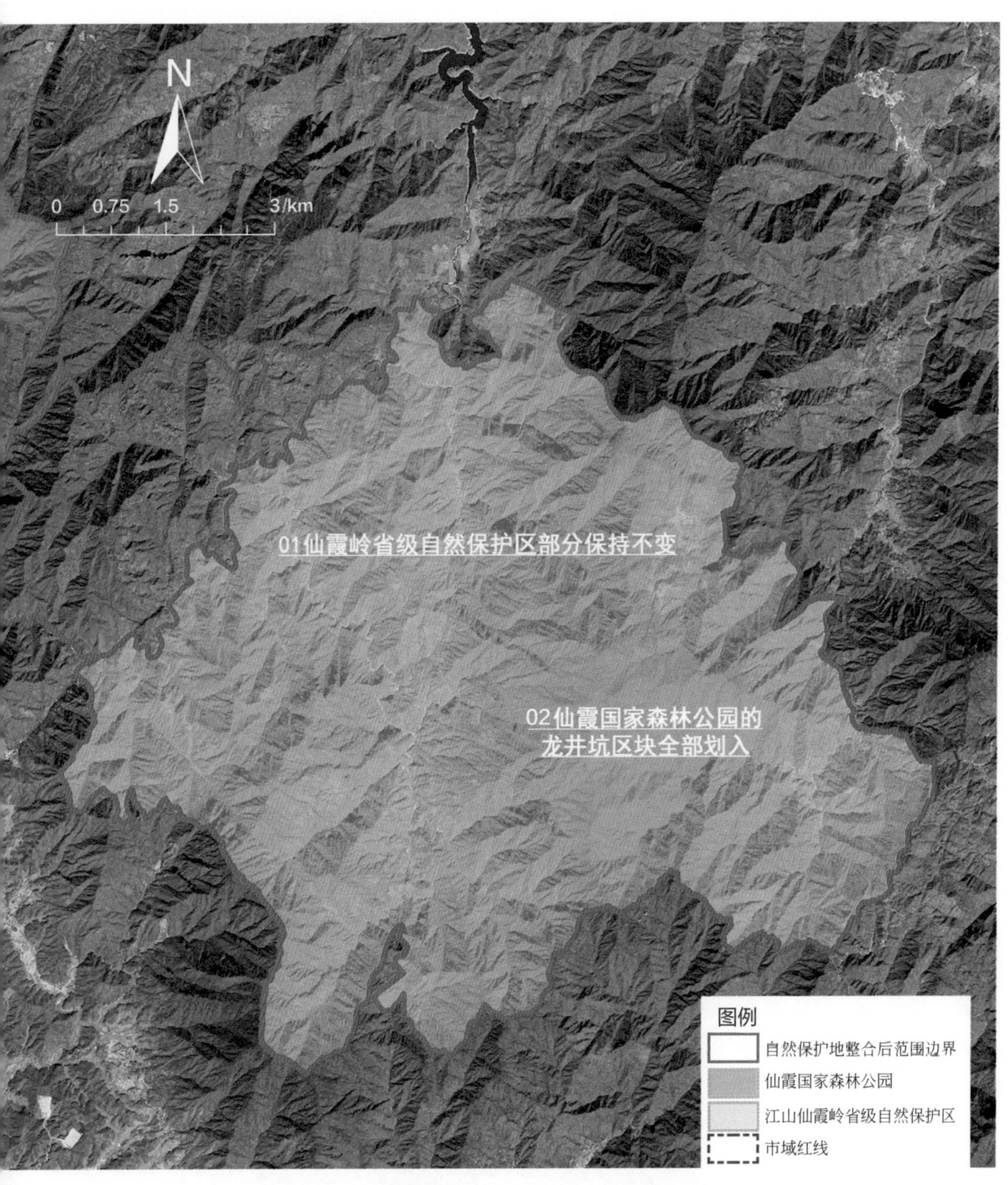

图6.41　江山仙霞岭省级自然保护区范围整合详图

江郎山国家级风景名胜区廿八都景区区域不涉及自然保护地的重叠问题。但在边界优化过程中，一方面，部分与景区无关的村庄建设用地被划出；另一方面，由于境内有非高架类型的高速公路穿过，切割了部分边界，考虑切割后区域之间的连通性较差，建议划出。整合后的廿八都景区面积共计1.79km^2（图6.42）。

图6.42 廿八都区域整合详图

原浙江江山港省级湿地公园高速以东部分，面积约7.94km²，与江郎山国家级风景名胜区峡里湖景区区域几乎全部重叠，结合“同级别保护强度优先、不同级别低级别服从高级别”的原则，应将其纳入江郎山国家级风景名胜区峡里湖景区范围，整合优化后的面积共计16km²（图6.43）。

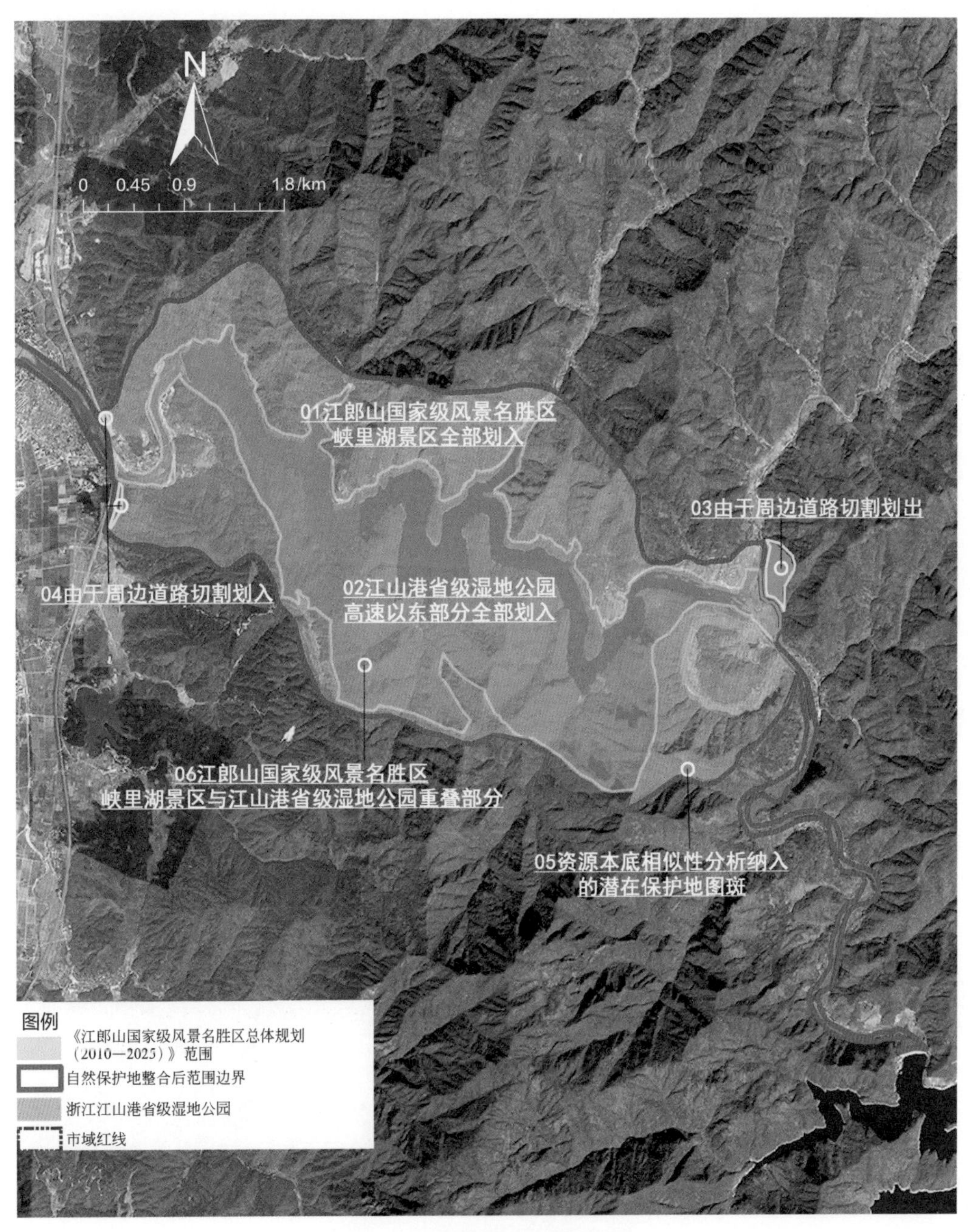

图6.43　峡里湖区域整合详图

江郎山国家级风景名胜区江郎山景区区域不涉及自然保护地的重叠问题，但在边界优化过程中，一方面，部分与景区无直接关系的村庄建设用地被划出；另一方面，考虑景区边界沿周边道路会更具有可识别性，部分区域顺沿周边道路增补纳入景区范围内。在前期的自然保护地候选范围的图斑筛选中，周边部分资源本底特征与景区具有较高相似性的图斑作为潜在自然保护地图斑被纳入景区范围内。整合优化后的江郎山景区面积共计11.29km^2（图6.44）。

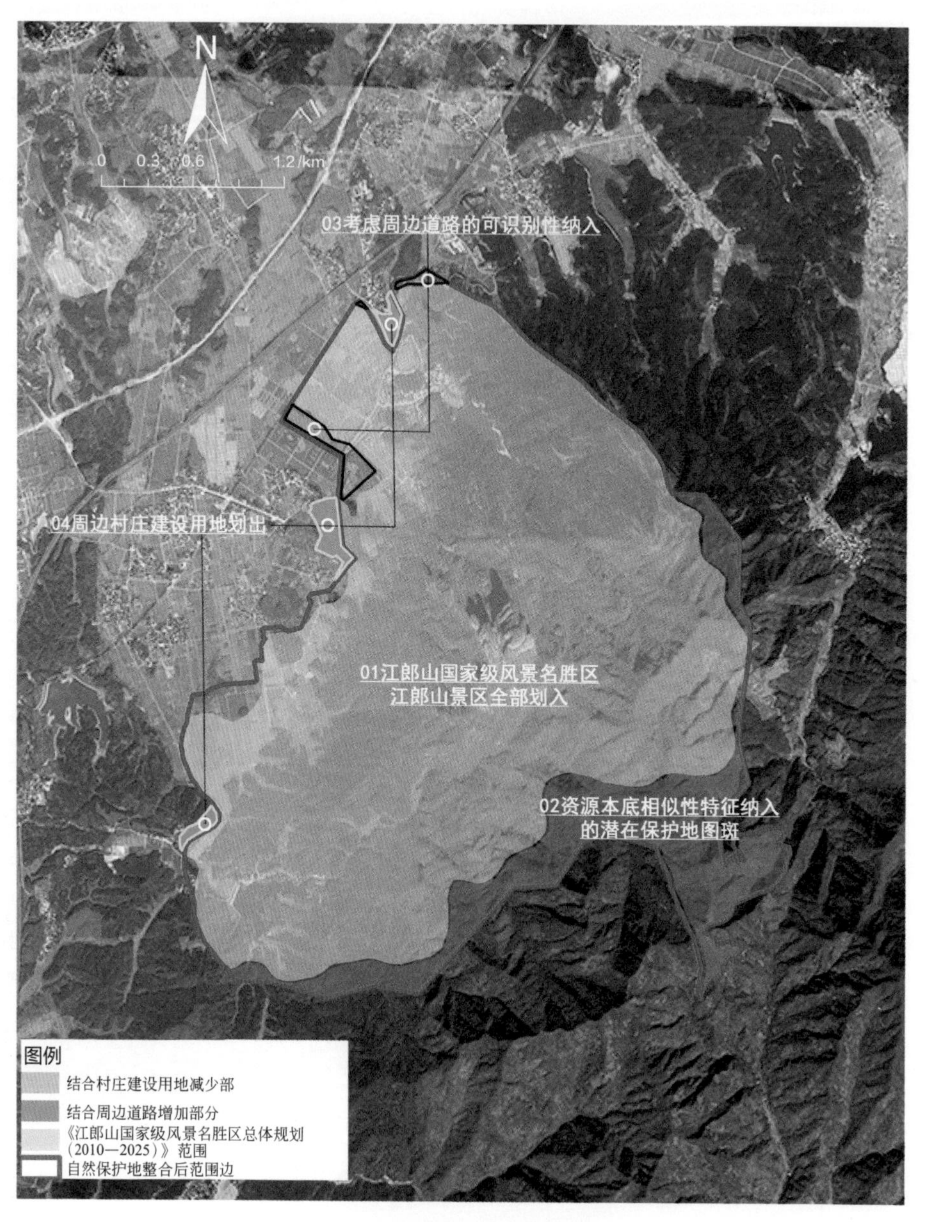

图6.44 江郎山区域整合详图

民间自然保护地区域结合资源本底特征相似性分析最终纳入南端部分区域图斑，共计12.50km^2（图6.45）。

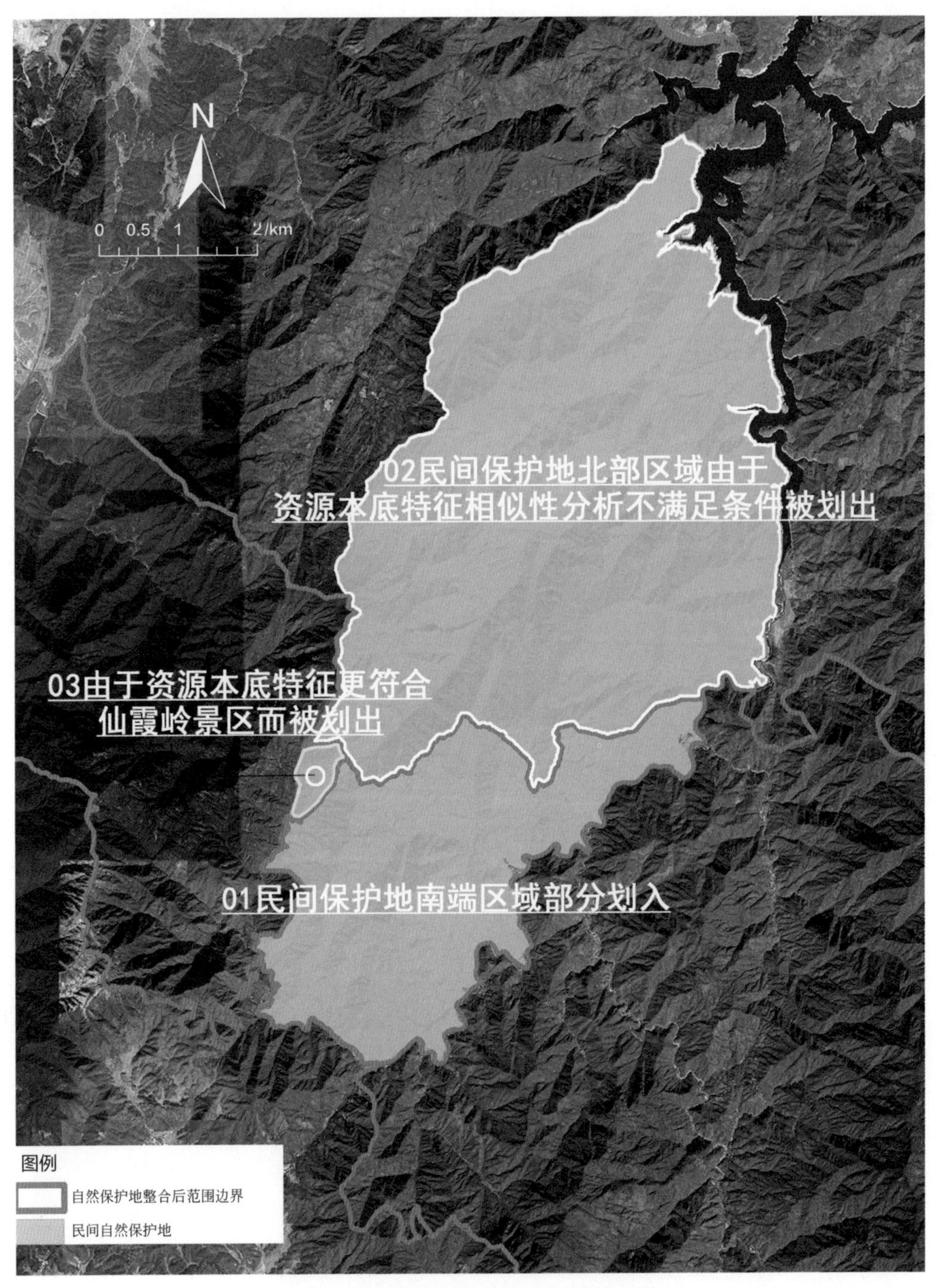

图6.45 民间自然保护地区域整合详图

其他江山金钉子地质遗迹省级自然保护区及浙江江山港省级湿地公园（高速以西区域）两处自然保护地不涉及重叠区域的整合以及边界的优化调整。江山金钉子地质遗迹省级自然保护区最终范围面积共计0.23km²；浙江江山港省级湿地公园划出高速以东区域后的最终范围面积共计13.50km²。

6.4.2.2 与生态保护红线边界对比

根据《关于在国土空间规划中统筹划定落实三条控制线的指导意见》，对自然保护地进行调整优化，评估调整后的自然保护地应划入生态保护红线；自然保护地发生调整的，生态保护红线相应调整。

江山市域范围内的自然保护地整合后，将最终范围与生态保护红线进行对比研究，生态保护红线范围的面积共计需增加34.42km²（图6.46）。

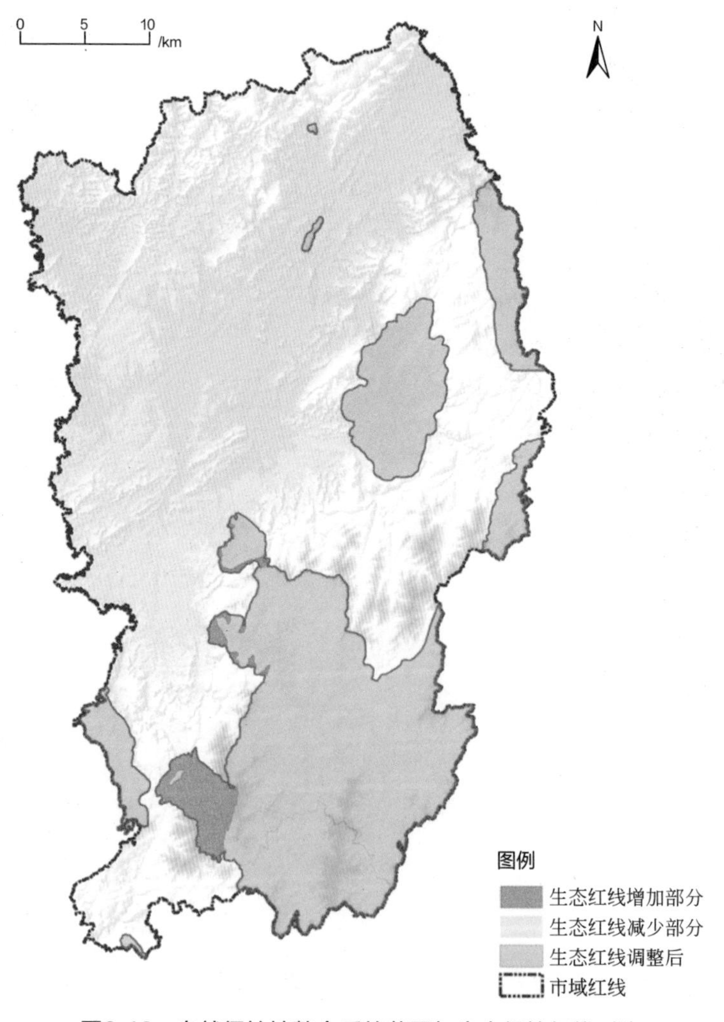

图6.46 自然保护地整合后的范围与生态保护红线对比

6.4.2.3 与永久基本农田边界对比

根据《关于在国土空间规划中统筹划定落实三条控制线的指导意见》，目前已划入自然保护地核心保护区的永久基本农田逐步有序退出；已划入自然保护地一般控制区的，根据对生态功能造成的影响确定是否退出。其中，造成明显影响的逐步有序退出，不造成明显影响的可采取依法依规相应调整一般控制区范围等措施妥善处理。协调过程中退出的永久基本农田在县级行政区域内同步补划，确实无法补划的，在市级行政区域内补划。

江山市域整合后，自然保护地范围内的基本农田共计2.89km^2，其中核心保护区内的基本农田为0.20km^2，一般控制区的基本农田为2.69km^2(图6.47)。各自然保护地内的基本农田分布见表6.3。

表6.3 各自然保护地内的基本农田分布

<table>
<tr><th colspan="2">自然保护地名称</th><th>基本农田面积/亩</th><th>分区</th><th>分区面积/亩</th></tr>
<tr><td colspan="2" rowspan="2">江山仙霞岭省级自然保护区</td><td rowspan="2">302.28</td><td>核心保护区</td><td>293.81</td></tr>
<tr><td>一般控制区（一般保护型）</td><td>8.47</td></tr>
<tr><td rowspan="5">江郎山国家级风景名胜区</td><td>江郎山景区</td><td>1983.36</td><td>一般控制区</td><td>1983.36</td></tr>
<tr><td>峡里湖景区</td><td>754.51</td><td>一般控制区</td><td>754.51</td></tr>
<tr><td>仙霞岭景区</td><td>185.08</td><td>一般控制区</td><td>185.08</td></tr>
<tr><td>廿八都景区</td><td>564.18</td><td>一般控制区</td><td>564.18</td></tr>
<tr><td>浮盖山景区</td><td>0</td><td>一般控制区</td><td>0</td></tr>
<tr><td colspan="2" rowspan="2">江山金钉子地质遗迹省级自然保护区</td><td rowspan="2">0.2</td><td>核心保护区</td><td>0.2</td></tr>
<tr><td>一般控制区（一般保护型）</td><td>0</td></tr>
<tr><td colspan="2" rowspan="2">浙江江山港省级湿地公园</td><td rowspan="2">484.79</td><td>一般控制区（开发利用型）</td><td>479.52</td></tr>
<tr><td>一般控制区（一般保护型）</td><td>5.27</td></tr>
<tr><td colspan="2">民间自然保护地</td><td>45</td><td>一般控制区（一般保护型）</td><td>45</td></tr>
<tr><td colspan="2">总计</td><td>4319.4</td><td>—</td><td>核心保护区293.81
一般控制区4025.59</td></tr>
</table>

注：1亩 = 666.67m^2。

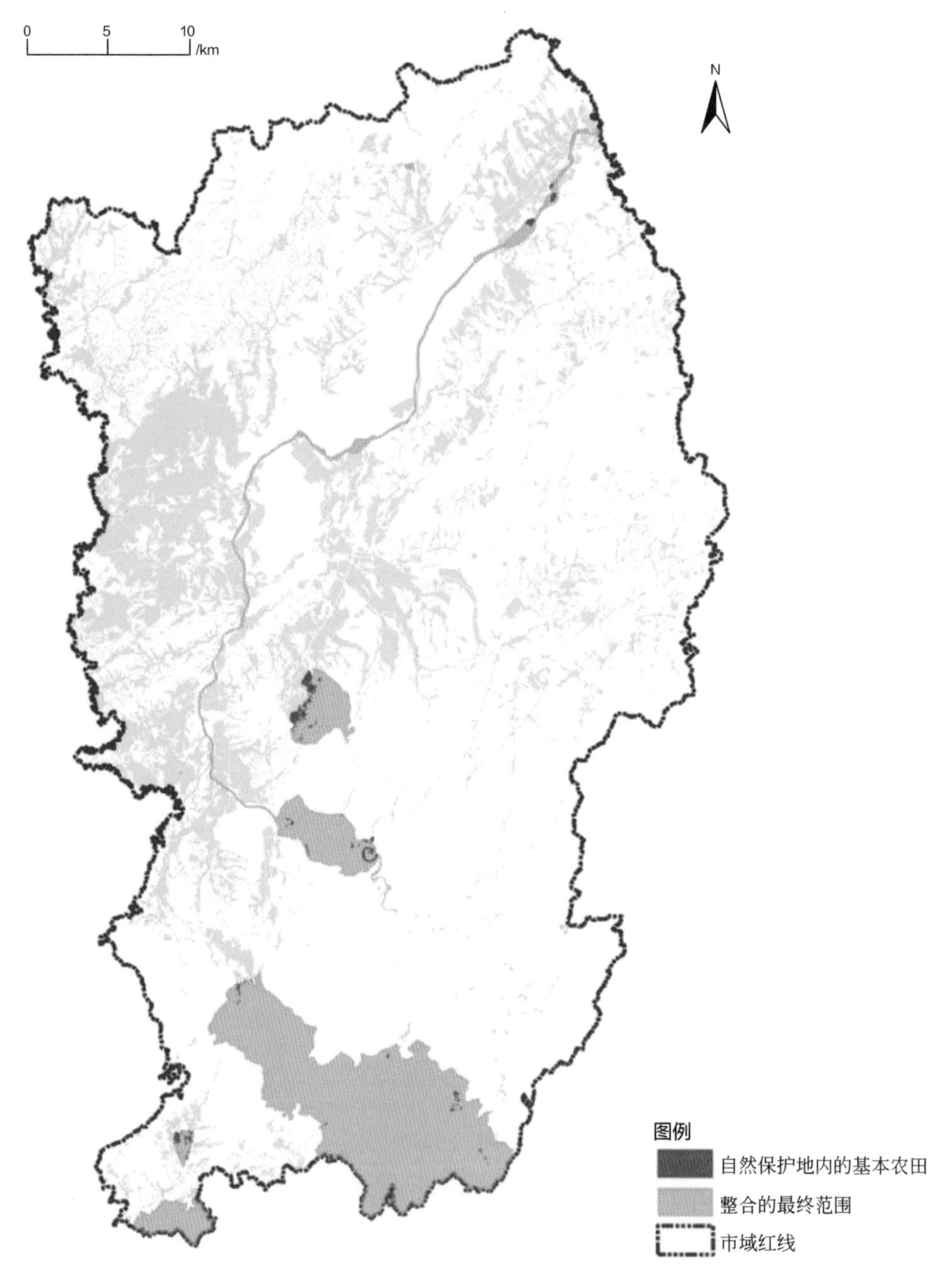

图6.47　一般控制区内的基本农田

第 7 章

自然保护地内部空间管制方法探索

7.1 自然保护地空间管制的分级分类体系

7.1.1 自然保护地分级管控

《关于建立以国家公园为主体的自然保护地体系的指导意见》以下简称《指导意见》明确了我国新时代自然保护地体系的分级分类体系，包括国家公园、自然保护区和自然公园三大主要类型，其保护对象各有侧重，管制级别依次递减，三种类型的划分大大简化了我国保护地体系的复杂分类(唐芳林，2018)。三种自然保护地类型分别侧重于保护综合生态系统服务、生态系统支持服务和生态系统文化服务（马童慧等，2019）。

根据《指导意见》：国家公园是指以保护具有国家代表性的自然生态系统为主要目的，实现自然资源科学保护和合理利用的特定陆域或海域，是我国自然生态系统中最重要、自然景观最独特、自然遗产最精华、生物多样性最富集的部分；其保护范围大，生态过程完整，具有全球价值和国家象征意义，国民认同度高。

自然保护区是指保护典型的自然生态系统、珍稀濒危野生动植物种的天然集中分布区，有特殊意义的自然遗迹区域。自然保护区具有较大面积，确保主要保护对象安全，维持和恢复珍稀濒危野生动植物种群数量及其赖以生存的栖息环境。

自然公园是指保护重要的自然生态系统、自然遗迹和自然景观，具有生态、观赏、文化和科学价值，可持续利用的区域。自然公园确保森林、海洋、湿地、水域、冰川、草原、生物等珍贵自然资源，以及其所承载的景观、地质地貌和文化多样性得到有效保护，包括森林公园、地质公园、海洋公园、湿地公园等各类自然公园。

根据《指导意见》，对三类保护地的基本特征梳理见表7.1。

表7.1 我国三大基本类型自然保护地特征

新分类体系	保护对象	管理目标	地位	与现有自然保护地对应关系参考❶
国家公园	① 我国自然生态系统中最重要、自然景观最独特、自然遗产最精华、生物多样性最富集的部分 ② 保护范围大，生态过程完整 ③ 具有全球价值、国家象征意义，国民认同度高	① 保护具有国家代表性的自然生态系统 ② 实现自然资源科保护和合理利用	主体	整合现有具有国家代表性的自然保护地（自然保护区、风景名胜区等）及周边具有重要保护价值的区域设立
自然保护区	① 典型自然生态系统 ② 珍稀濒危野生动植物的天然集中分布区 ③ 有特殊意义的自然遗迹 ④ 具有较大面积	① 确保主要保护对象安全 ② 维持和恢复珍稀濒危野生动植物种群数量及其赖以生存的栖息环境	基础	自然保护区、自然遗产地核心区、自然保护小区
自然公园	① 重要的自然生态系统、自然遗迹和自然景观 ② 具有生态、观赏、文化和科学价值，可持续利用的区域	确保森林、海洋、湿地、水域、冰川、草原、生物等珍贵自然资源，以及其所承载的景观、地质地貌和文化多样性得到有效保护	补充	风景名胜区、海洋特别保护区（海洋公园）、森林公园、湿地公园、地质公园、沙漠公园、冰川公园、野生动物重要栖息地、水产种质资源保护区等

注：《指导意见》明确，可作为自然保护地的类型有：自然保护区、风景名胜区、地质公园、森林公园、海洋公园、湿地公园、冰川公园、草原公园、沙漠公园、草原风景区、水产种质资源保护区、野生植物原生境保护区(点)、自然保护小区、野生动物重要栖息地14类，实际上还包括《深化党和国家机构改革方案》提及的自然遗产地，包括自然文化双遗产地、世界自然景观（唐小平等，2019）。

综上可知，三大类型自然保护地的保护目标各有侧重。其中，自然保护区由原自然保护区、自然遗产地核心区和自然保护小区整合而来，其在设立之初就以保护物种多样性、生态系统原真性和完整性为核心目标，因而，自然保护区是以提供生态系统支持服务为核心目的。而国家公园与自然公园都具有明显的公园属性，应至少具备“公”和“园”两方面的内涵和建设目标。其中，“公”聚焦于奉公服务人民，强调该保护地的社会服务价值与公益价值；“园”聚焦于联“园”涵养生态、提供游憩场所，强调该保护地需兼具审美、休闲、启智等文化服务功能。国家公园提供最高等级的综合生态系统服务，而自然公园由风景名胜区、森林公园、湿地公园等各类以景观为主要保护对象的保护地整合而来，更侧重于对生态系统文化游憩服务功能的保护。

综上所述，在将各类现存自然保护地重新归类梳理为以上三大类型时，可以将是否具有高生物多样性和高生态系统支持服务价值作为首要判断标准，具有高生态保护价值的自然保护地只能列为国家公园或自然保护区。在此基础上，将社会服务价值作为进一步归类的依据。兼具高社会服务价值的应优先列为国家公园，

❶ 唐小平，蒋亚芳，刘增力，等，2019. 中国自然保护地体系的顶层设计[J]. 林业资源管理，(03):1-7.

社会服务价值一般的应列为自然保护区。对于具有中等生态保护价值的，若社会服务价值较高，则可归为自然公园类；若社会服务价值中等，则可作为地方准保护地候补区（表7.2）。

表7.2　我国三大基本类型自然保护地判别方式

首要判断标准	次要判断标准	自然保护地级别
高生态保护价值	高社会服务价值	国家公园
	中社会服务价值	自然保护区
中生态保护价值	高社会服务价值	自然公园
	中社会服务价值	地方准保护地候补区

三个类型自然保护地的保护级别和管制严格程度依次递减，国家公园具有主体地位，自然保护区具有基础作用，自然公园具有补充作用[1]。《指导意见》指出，国家公园和自然保护区实行分区管控，分为核心保护区和一般控制区两大类，原则上核心保护区内禁止人为活动，一般控制区内限制人为活动。而自然公园原则上按一般控制区管理，限制人为活动。核心保护区和一般控制区两种简明的大类极大简化了我国自然保护地的管制分区等级，为保护地的分类整合与归并提出了框架性原则。在此框架下，根据自然保护地的不同类型、不同功能与不同设置目标，可对三大类型自然保护地进行细分，并讨论不同的分区方案与相应的不同管制强度分级。

7.1.2　自然保护地分类体系

按管理目标分类是世界主要国家在自然保护地分类体系中较多采用的一种方式。按管理目标对我国新的自然保护地分类体系进行如下探讨。

① 国家公园。其保护价值和生态功能在全国自然保护地体系中占主体地位，作为独立类别存在，不再进行细分。国家公园建立后，在相同区域内一律不再保留或设立其他自然保护地类型。

② 自然保护区。自然保护区以生态系统和生物多样性保护为核心目标，根据《中华人民共和国自然保护区条例》（2017年修订），我国的自然保护区按照主要保护对象进行分类，一共分为3大类别、9种类型。3大类型分别为自然生态系统保护类、野生生物保护类和自然遗迹保护类。其中，自然生态系统类包括森林、草原与草甸、荒漠、内陆湿地和水域、海洋和海岸带生态系统5个类型；野生生物类包括野生动物和野生植物2个类型；自然遗迹类包括地质遗迹和古生物遗迹2个类型。新分类体系中的自然保护地分类可沿用现在的3大类别，并针对3大类别提出不同管制方式。其中，自然生态系统保护类要求大部分区域采取封闭保护的方式进行严格保护；野生生物保护类则需要对栖息地进行适当的人工干预，并进行一

[1] 参考《关于建立以国家公园为主体的自然保护地体系的指导意见》。

定的科研教育活动；而遗迹保护类同时具备抗干扰性强和资源不可再生性两方面的特征，需要采取针对性的保护措施（唐小平等，2019）。

③ 自然公园。自然公园由各类以景观为主要保护对象的保护地整合而来。根据《指导意见》，可将自然公园按保护景观的属性不同分为森林公园类、湿地公园类、地质公园类、海洋公园类等，还可根据必要设置水域水利公园类、冰川公园类、沙漠公园类等。除此之外，作为极具我国特色的、对“天人合一”的自然文化遗产进行保护的风景名胜区也应作为单独一类的自然公园进行设置（唐小平等，2019）。

④ 地方准保护地候补区。指地方设立的其他类型准保护地，延续自然保护小区的设置思路，对保护价值一般、并限于现有经济条件还不完全具备建立自然保护区的，由政府批准划定，进行地方性、群众性保护。地方准保护地候补区按设置目的可以分为候补保护地和当地社群缓冲加盟区两类（表7.3）。

表7.3 我国新自然保护地分类体系

大类	小类
国家公园	—
自然保护区	自然生态系统保护类
	野生生物保护类
	自然遗迹保护类
自然公园	风景名胜区类
	森林公园类
	湿地公园类
	地质公园类
	海洋公园类
	……
地方准保护地候补区	候补保护地
	当地社群缓冲加盟区

7.2 自然保护地空间管制的功能分区设想

7.2.1 自然保护地分区方案设想

如上所述，《指导意见》提出按核心保护区、一般控制区两级管控强度进行分区差别化管控，改变了长期以来按功能定位划区管理的机制。但这种管制分区仅仅是一种原则性框架，尚难以满足各类自然保护地不同的精细化保护要求，也不能与当前各类自然保护地中不同的功能管制分区进行良好衔接，因而还需按照主导功能进行进一步区划。

考察世界主要国家公园管制分区方式，基本可归纳为核心保护圈层、过渡圈层、合理开发利用与人类生产生活圈层三个圈层。三个圈层面积之间的比例关系直接反映了不同自然保护地的特征，也受保护地的主导功能类型不同和管制强度不同影响。遵循上述思路，参考各类既有研究中提出的自然保护地功能分区思路，综合提出新时代下自然保护地的分区方案设想，包括三类大区、八类小区。三类大区分别为核心保护区、一般控制区（一般保护型）和一般控制区（开发利用型）。三类大区又可细分为原生封闭保护区、科研观测控制区、一般保育修复区、景观资源控制区、游憩体验区、资源利用区、管理服务区和外围缓冲区几种类型。

各类功能区的建议比例与三类型自然保护地及地方准保护地候补区的对应关系如表7.4所示。

表7.4　我国自然保护地功能分区方案

功能分区		国家公园和自然保护区		自然公园类面积占比/%	地方准保护地候补区面积占比/%
		自然生态系统保护类面积占比/%	野生生物保护类和自然遗迹类面积占比/%		
核心保护区	原生封闭保护区	>80	>20	可选	—
	科研观测控制区	<20	<80	可选	—
一般控制区（一般保护型）	一般保育修复区	可选	可选	>20	>10
	景观资源控制区	可选	可选	<50	<50
一般控制区（开发利用型）	游憩体验区	<10	<20	<80	<50
	资源利用区	<10	<10	<10	<80
	管理服务区	<10	<10	<10	<20
	外围缓冲区	无	可选	可选	可选

注：1. 原生封闭保护区，指尽可能通过严格的封闭保护排除人类干预的区域，保持生态系统的自然状况。

2. 科研观测控制区，指进行非干扰性科学观测和监测、对自然保护地进行日常巡护的区域，可实行科学研究进入许可制度。

3. 一般保育修复区，指可通过积极的人为干预来管理和恢复栖息地，以达到保护生物多样性和生态系统目的的区域。

4. 景观资源控制区，指对自然景观与人文景观资源进行相对严格保护的区域，可允许科研展示、观光以及建设基本的游览设施。

5. 游憩体验区，指主要用于参观体验、休闲娱乐的区域。

6. 资源利用区，指可用于可持续的自然资源利用（如狩猎、垂钓、放牧等）的区域，多采取资源利用许可证制度进行管理。

7. 管理服务区，指保护地管理与服务设施建设、保护地内居民开展必需的生产生活活动等所需的区域。

8. 外围缓冲区，指自然保护地周边的、生产生活活动中受到保护地管制等一定限制的社区或居民点，包括农业区、人工林区、鱼塘、牧区等。

原生封闭保护区与科研观测控制区是管制最为严格的功能分区类型，多出现于国家公园和自然保护区的核心保护区中。按自然保护区的分类，自然生态系统保护类、野生生物保护类和自然遗迹类需对应不同的保护强度，相应地提出不同分区比例的建议。其中自然生态系统保护类要求原生封闭保护区面积占比大于80%、科研观测控制区面积占比小于20%；野生生物保护类和自然遗迹类要求原生封闭保护区面积占比大于20%，科研观测控制区面积占比小于80%。国家公园和自然保护区可在一般控制区中设置一般保护型区域和开发利用型区域，其中对开发利用型区域中的面积占比需设定相应上限。对于自然公园原则上按一般控制区管控，但也可根据需求划定原生封闭保护区、科研观测控制区，加强对极重要但在整合中未纳入国家公园和自然保护区保护范畴的生态系统的保护。自然公园的一般保护修复区面积占比需大于20%，游憩体验区需小于80%。由于自然公园类别众多，差异较大，还需进一步探索精细化、差异化的分区方式，如风景名胜区类的保护对象具有特殊性，可单独划定文化景观保育区，加强对文化资源与历史遗产的保护；而野生动物重要栖息地类的自然公园可根据保护对象的特性，探讨实行季节性核心保护区划定制度。

7.2.2 既有自然保护地分区转换

为了满足各类自然保护地不同的精细化管理要求，使新的自然保护地功能分区体系与当前各类自然保护地中不同的功能管制分区进行良好衔接，需设置新旧分区体系的对应转换规则，统一现行各类自然保护地功能分区的“话语体系”。

根据相关研究中既有各类主要自然保护地功能分区及管制强度要求的梳理，对照本书提出的自然保护地分区方案设想，提出自然保护地功能分区（建议）与现行保护地管理分区对应规则，如表7.5所示。

表7.5 自然保护地功能分区（建议）与现行保护地管理分区对应表

功能分区		自然保护区	风景名胜区	地质公园	湿地公园	海洋特别保护区	森林公园
核心保护区	原生封闭保护区	核心区	自然景观保护区（无一、二级景源）	核心保护区（参照自然保护区，禁入）	部分湿地保育区	部分重点保护区	部分生态保育区
	科研观测控制区	缓冲区	自然景观保护区、史迹保护区（无一、二级景源）	缓冲保护区（参照自然保护区，慎入）	部分湿地保育区	部分重点保护区	部分生态保育区
一般控制区（一般保护型）	一般保育修复区	实验区	风景恢复区、史迹保护区	史迹恢复区	湿地保育区	重点保护区	生态保育区
	景观资源控制区	实验区	自然景观保护区、史迹保护区	宗教文化保护区	恢复重建区	生态与资源恢复区	核心景观区
一般控制区（开发利用型）	游憩体验区	风景游览区	非核心景区	一般保护和生态旅游区、宗教文化保护区	宣教展示区	适度利用区	一般游憩区

续表

功能分区		自然保护区	风景名胜区	地质公园	湿地公园	海洋特别保护区	森林公园
一般控制区（开发利用型）	资源利用区	风景游览区	非核心景区	一般保护和生态旅游区、宗教文化保护区	合理利用区	适度利用区	一般游憩区
	管理服务区	发展控制区（依托原有管理用地）	外围控制地带（管理区附近）	公园服务区	管理服务区	—	管理服务区
	外围缓冲区	外围保护地带	—	外围控制区、居民控制区	—	—	—

需要注意的是，新划定的自然保护地范围相较于原有自然保护地范围新增了两个斑块，由于其本身图斑面积相较于其相邻接的图斑较小，因此按照临近原则对其进行了归类，即划为与其有邻接关系，且面积最大的原有图斑的功能分类。综上，新划定自然保护地的功能分区如图7.1所示。为了直观地呈现原有自然保护地分区与现有自然保护地分区的不同，图7.2～图7.7展示了江山市现有的6个自然保护地的功能分区与新设计的功能分区对比。

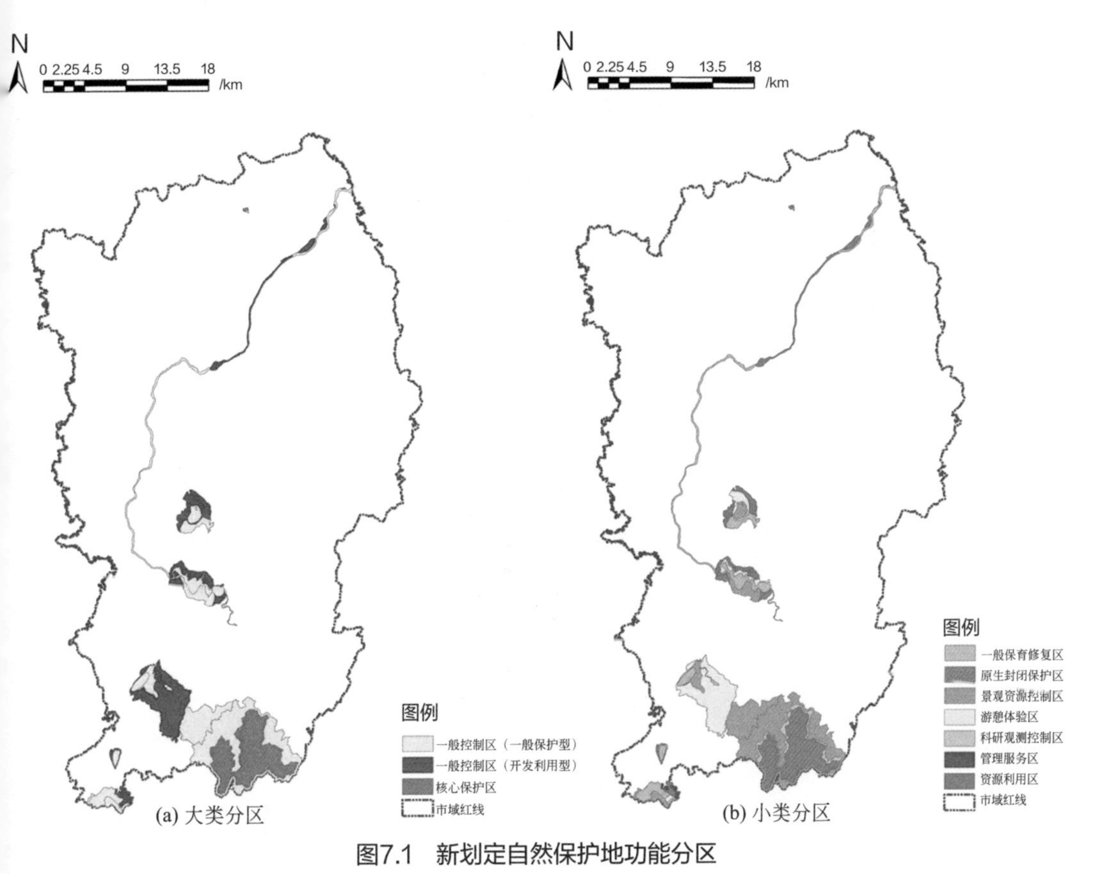

图7.1　新划定自然保护地功能分区

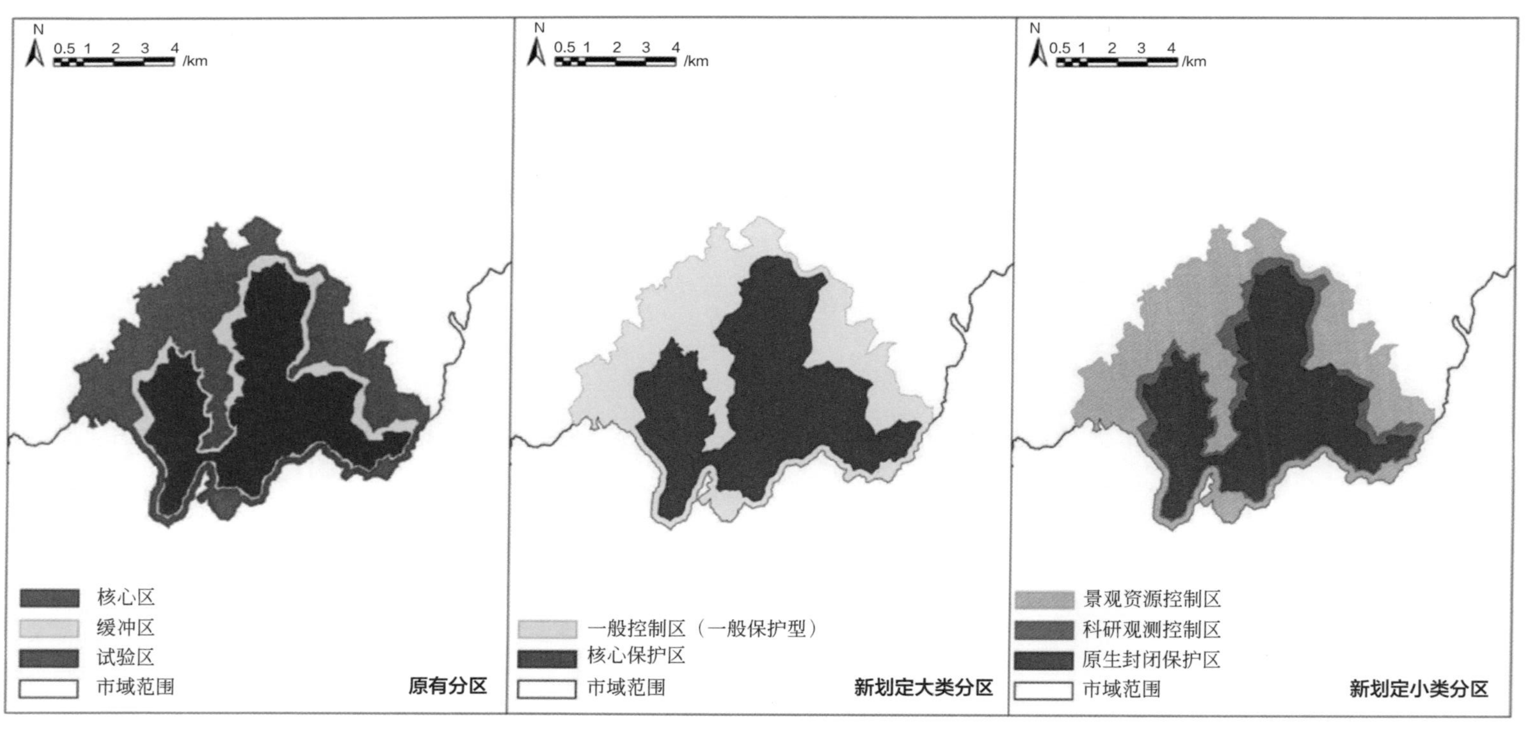

图7.2 江山仙霞岭省级自然保护区功能分区转换

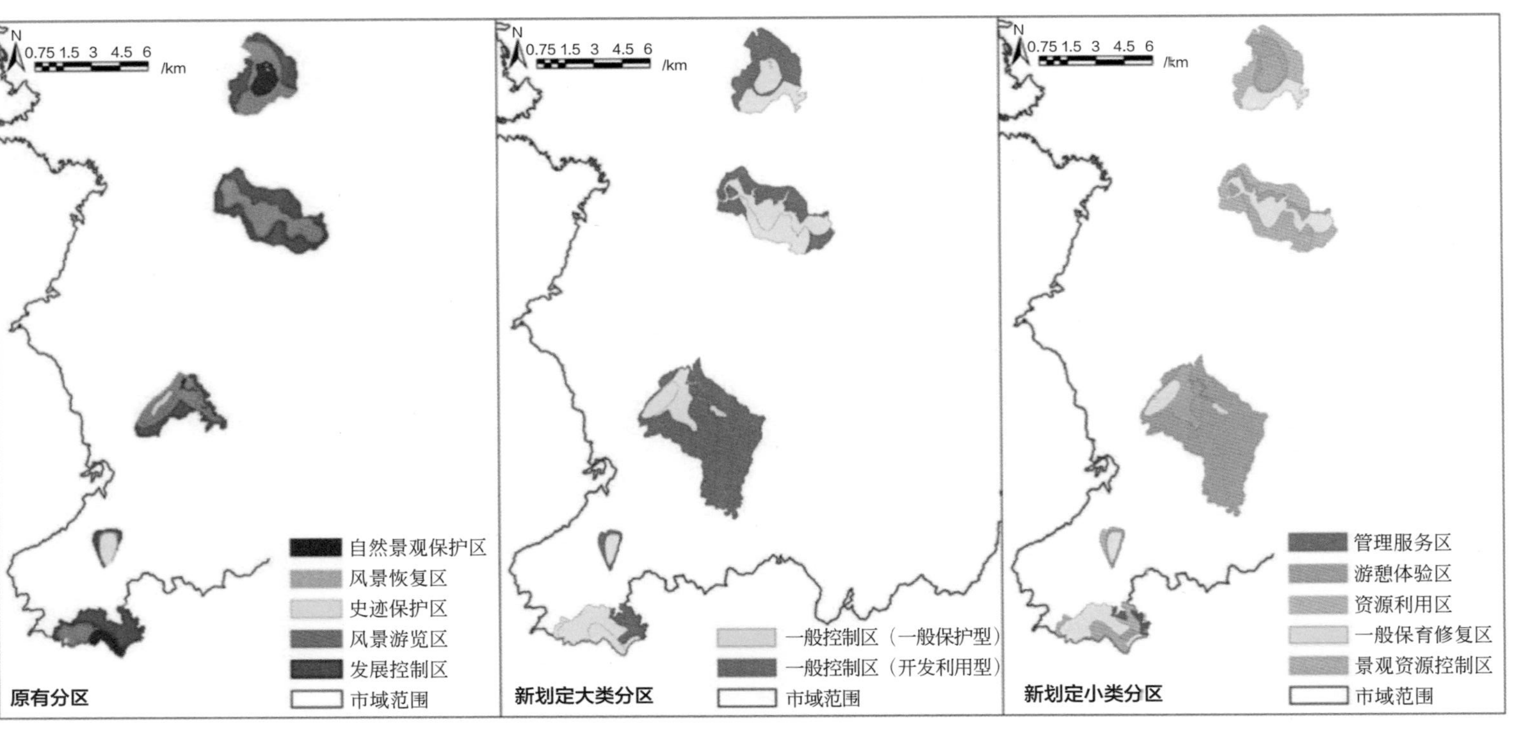

图7.3 江郎山国家级风景名胜区功能分区转换

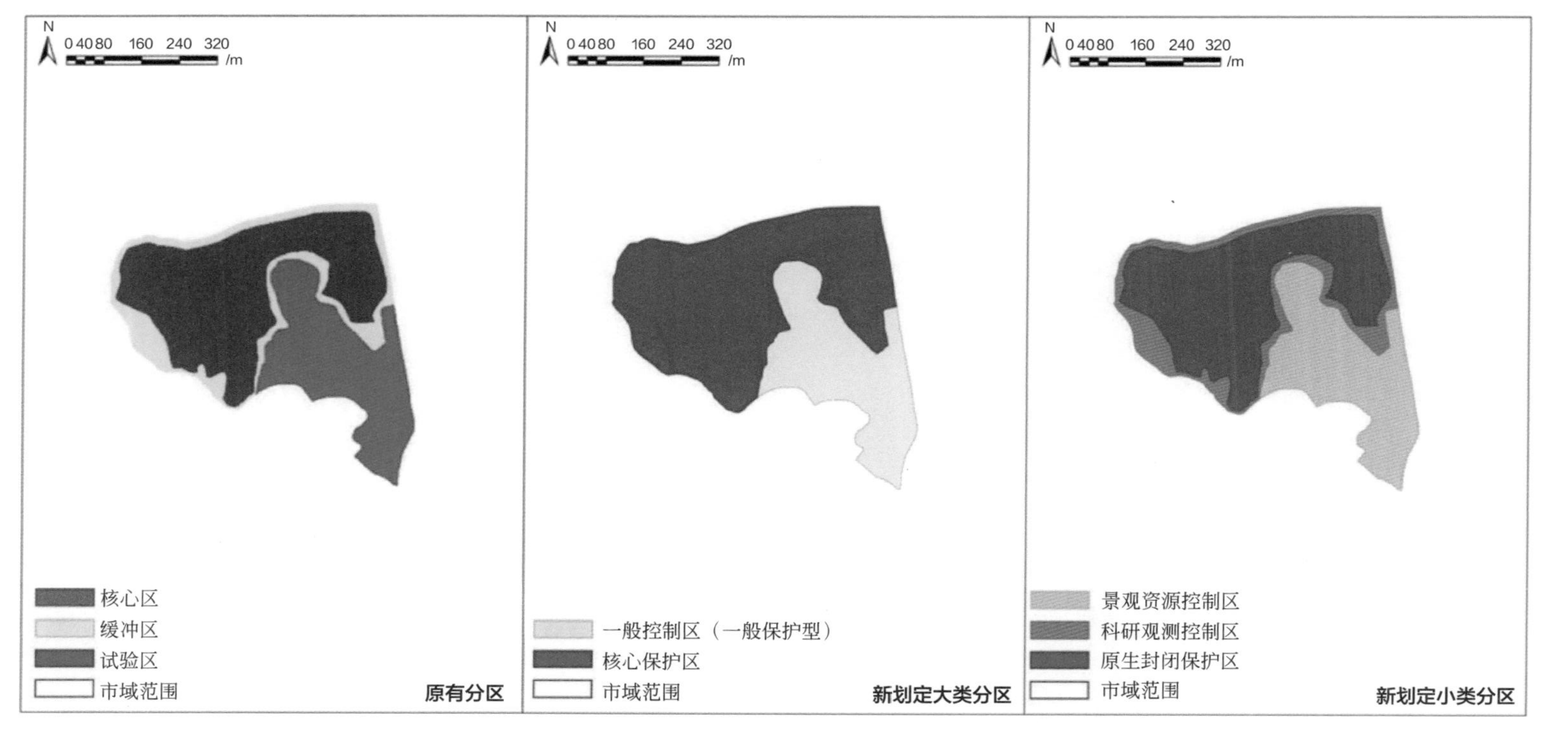

图7.4 江山金钉子地质遗迹省级自然保护区功能分区转换

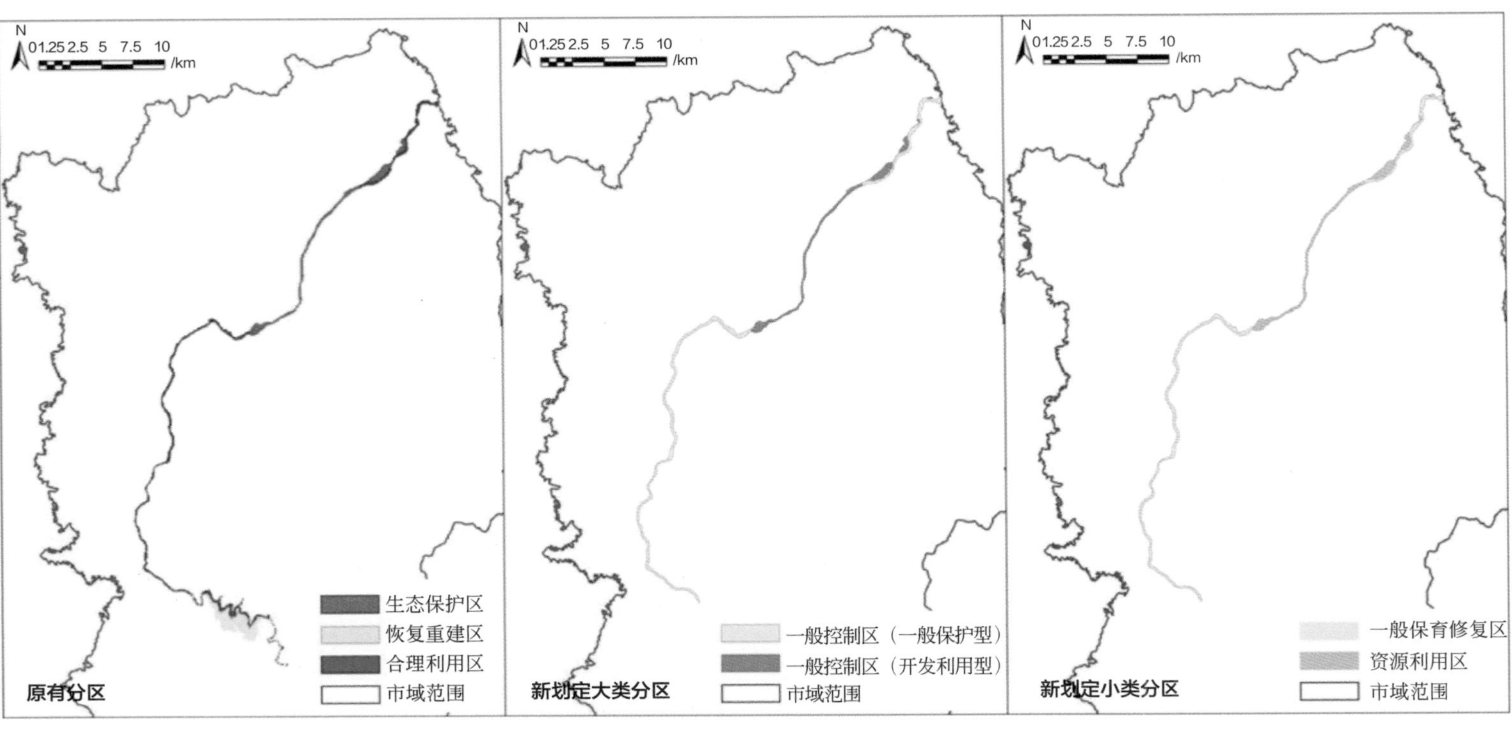

图7.5　浙江江山港省级湿地公园功能分区转换

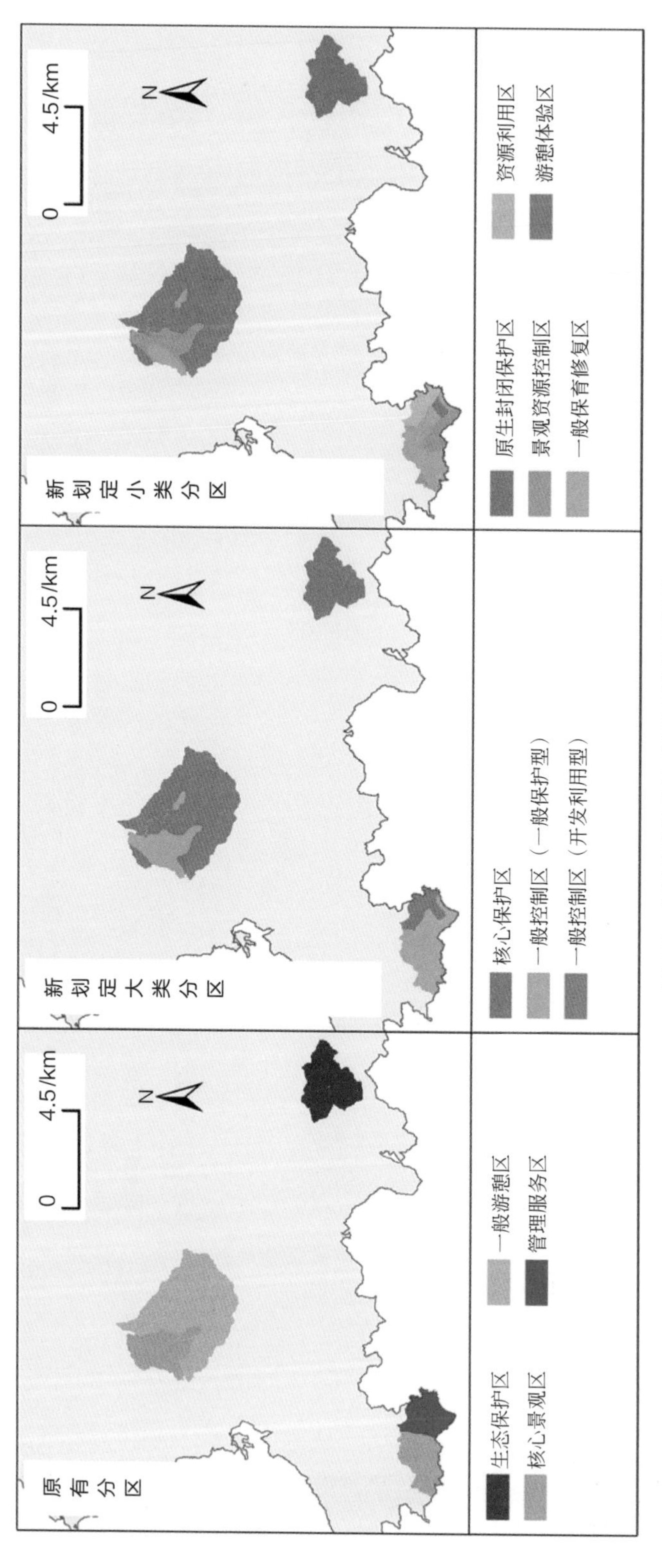

图7.6 仙霞国家森林公园功能分区转换

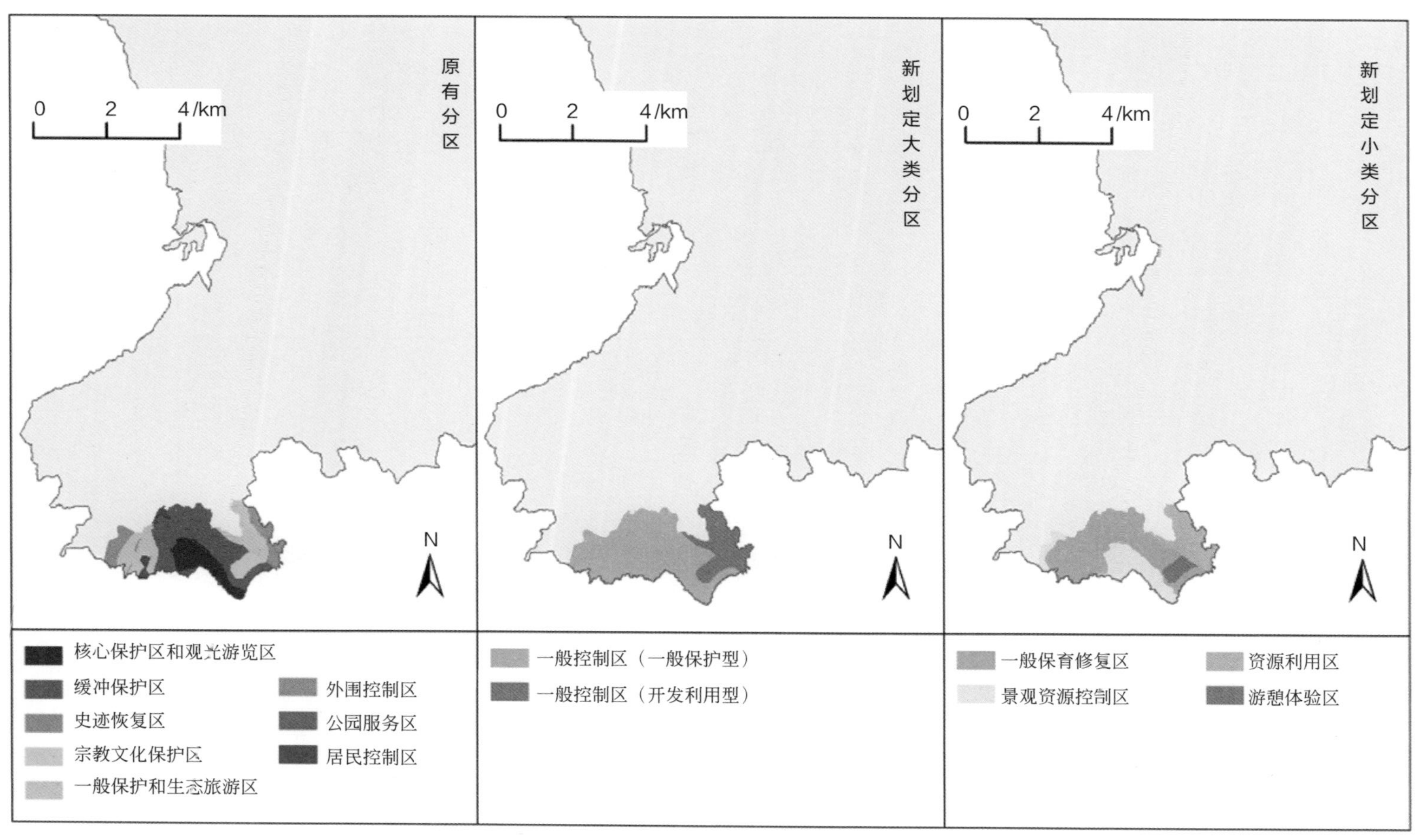

图7.7　江山浮盖山省级地质公园功能分区转换

就面积而言，表7.6和表7.7分别展示了原有自然保护地和新划定自然保护地范围的各个分区面积统计。可以看出，新划定自然保护地内景观资源控制区和原生封闭保护区面积占比最高，分别达到了28.43%和20.04%。表7.8为新划定自然保护地和江山市生态红线内土地利用类型的面积统计，而表7.9为新划定自然保护地各个分区内土地利用类型面积分布统计。可以看出，林地是各个功能分区内最多的用地类型。

表7.6　原有各类自然保护地分区面积统计

	原有分区	面积/ha
江山金钉子地质遗迹省级自然保护区	核心区	11.6451
	缓冲区	3.67618
	试验区	7.52476
江山仙霞岭省级自然保护区	核心区	2919.48
	缓冲区	805.312
	试验区	3267.08
江郎山国家级风景名胜区	发展控制区	21410.19
	风景恢复区	773.52
	风景游览区	1062.22
	史迹保护区	171.743
	自然景观保护区	324.975
江山浮盖山省级地质公园	公园服务区	4.8329
	核心保护区	117.616
	缓冲保护区	293.826
	居民控制区	20.804
	史迹恢复区	4.14968
	外围控制区	99.5867
	一般保护和生态旅游区	182.005
	宗教文化保护区	37.0232
浙江江山港省级湿地公园	恢复重建区	510.203
	生态保护区	1071.44
	合理利用区	562.111
仙霞国家森林公园	管理服务区	352.353
	核心景观区	868.646
	生态保护区	646.245
	一般游憩区	1582.22

表7.7　新划定自然保护地分区面积统计

功能分区三大类	功能分区小类	面积/ha	占比/%
核心保护区	原生封闭保护区	3008.45	20.04
	科研观测控制区	747.395	4.98
一般控制区（一般保护型）	一般保育修复区	2365.07	15.75
	景观资源控制区	4267.84	28.43
一般控制区（开发利用型）	游憩体验区	2850.17	18.98
	资源利用区	1774.44	11.82

注：管理服务区和外围缓冲区的面积未做统计。

表7.8　新划定自然保护地和江山市生态红线内土地利用类型的面积及占比统计

用地类型	新划定自然保护地		生态红线	
	面积/ha	占比/%	面积/ha	占比/%
采矿用地	8.3895	0.0557	5.4182	0.0105
茶园	62.6083	0.4155	460.8700	0.8940
城市	0.0473	0.0003	—	—
村庄	98.8327	0.6559	284.5976	0.5521
风景名胜及特殊用地	12.7554	0.0846	12.5472	0.0243
公路用地	40.1676	0.2666	—	—
沟渠	1.5827	0.0105	0.2640	0.0005
灌木林地	211.5210	1.4037	949.4508	1.8418
果园	113.4026	0.7526	718.2279	1.3933
旱地	208.0072	1.3804	1096.3956	2.1269
河流水面	1147.2148	7.6132	262.8858	0.5100
建制镇	44.6113	0.2961	—	—
坑塘水面	47.8240	0.3174	24.3540	0.0472
裸地	24.2618	0.1610	31.2978	0.0607
内陆滩涂	153.1554	1.0164	13.7849	0.0267
农村道路	0.1489	0.0010	0.5036	0.0010
其他草地	53.1357	0.3526	367.9557	0.7138
其他林地	606.0539	4.0219	1268.8555	2.4614
其他园地	138.8627	0.9215	369.1099	0.7160
设施农用地	1.3094	0.0087	8.1084	0.0157
水工建筑用地	17.7955	0.1181	10.6858	0.0207
水库水面	302.7437	2.0091	1711.7448	3.3205
水田	418.4126	2.7767	1079.3642	2.0938
铁路用地	1.0173	0.0068	—	—
有林地	11354.9238	75.3539	42873.6688	83.1689

表7.9 新划定自然保护地各功能分区内土地利用类型的面积及占比统计

大类分区	小类分区	地类名称	面积/亩（1亩=666.67平方米）	占比/%（以各个分区为统计单位）
核心保护区	原生封闭保护区	采矿用地	0.16	0.01
		灌木林地	11.16	0.37
		果园	8.34	0.28
		旱地	0.01	0.00
		河流水面	0.08	0.00
		其他草地	0.28	0.01
		其他林地	86.29	2.87
		水工建筑用地	0.01	0.00
		有林地	2902.11	96.47
	科研观测控制区	采矿用地	0.43	0.06
		茶园	0.25	0.03
		村庄	0.17	0.02
		灌木林地	3.06	0.41
		果园	2.19	0.29
		旱地	1.71	0.23
		河流水面	0.72	0.10
		其他草地	0.82	0.11
		其他林地	39.67	5.31
		水工建筑用地	0.03	0.00
		水田	0.01	0.00
		有林地	698.32	93.43
一般控制区（一般保护型）	一般保育修复区	采矿用地	1.07	0.05
		茶园	10.30	0.44
		村庄	14.39	0.61
		风景名胜及特殊用地	1.03	0.04
		公路用地	9.10	0.38
		沟渠	0.03	0.00
		灌木林地	50.17	2.12
		果园	18.59	0.79
		旱地	60.02	2.54

续表

大类分区	小类分区	地类名称	面积/亩（1亩=666.67平方米）	占比/%（以各个分区为统计单位）
一般控制区（一般保护型）	一般保育修复区	河流水面	787.28	33.29
		建制镇	43.07	1.82
		坑塘水面	7.29	0.31
		裸地	2.62	0.11
		内陆滩涂	53.41	2.26
		农村道路	0.06	0.00
		其他草地	10.29	0.44
		其他林地	49.72	2.10
		其他园地	46.06	1.95
		设施农用地	0.21	0.01
		水工建筑用地	11.63	0.49
		水库水面	232.07	9.81
		水田	101.34	4.28
		铁路用地	0.79	0.03
		有林地	854.50	36.13
	景观资源控制区	采矿用地	1.92	0.05
		茶园	18.59	0.44
		村庄	17.42	0.41
		风景名胜及特殊用地	11.29	0.26
		公路用地	2.59	0.06
		灌木林地	70.97	1.66
		果园	37.44	0.88
		旱地	47.12	1.10
		河流水面	37.63	0.88
		裸地	12.27	0.29
		其他草地	31.27	0.73
		其他林地	166.38	3.90
		其他园地	15.55	0.36
		水工建筑用地	0.08	0.00
		水库水面	4.10	0.10
		水田	24.25	0.57
		有林地	3768.95	88.31

续表

大类分区	小类分区	地类名称	面积/亩（1亩=666.67平方米）	占比/%（以各个分区为统计单位）
一般控制区（开发利用型）	资源利用区	采矿用地	23.10	1.30
		城市	0.05	0.00
		村庄	34.11	1.92
		风景名胜及特殊用地	0.26	0.01
		公路用地	22.62	1.27
		沟渠	1.30	0.07
		灌木林地	48.97	2.76
		果园	34.66	1.95
		旱地	82.96	4.68
		河流水面	311.67	17.56
		建制镇	0.40	0.02
		坑塘水面	36.53	2.06
		裸地	8.48	0.48
		内陆滩涂	99.75	5.62
		农村道路	0.09	0.01
		其他草地	6.80	0.38
		其他林地	68.28	3.85
		其他园地	49.33	2.78
		设施农用地	0.30	0.02
		水工建筑用地	4.18	0.24
		水库水面	3.69	0.21
		水田	221.78	12.50
		铁路用地	0.23	0.01
		有林地	714.91	40.29
	游憩体验区	采矿用地	0.42	0.01
		茶园	14.75	0.52
		村庄	32.67	1.15
		风景名胜及特殊用地	0.18	0.01
		公路用地	5.72	0.20

续表

大类分区	小类分区	地类名称	面积/亩（1亩=666.67平方米）	占比/%（以各个分区为统计单位）
一般控制区（开发利用型）	游憩体验区	沟渠	0.25	0.01
		灌木林地	27.19	0.95
		果园	12.16	0.43
		旱地	16.17	0.57
		河流水面	7.54	0.26
		建制镇	1.14	0.04
		坑塘水面	4.00	0.14
		裸地	0.90	0.03
		其他草地	3.67	0.13
		其他林地	194.81	6.83
		其他园地	27.77	0.97
		设施农用地	0.80	0.03
		水工建筑用地	1.85	0.07
		水库水面	17.87	0.63
		水田	71.03	2.49
		有林地	2409.28	84.53

7.2.3 自然保护地分区管控规则

根据新分区的划定方案与划定结果，充分继承并衔接既有各类自然保护地各分区的管控规则与保护措施，依照上述分区转换的框架，对既有自然保护地的分区管控规则进行对照、转换、归并与整合，得到新划定自然保护地各功能分区管控规则，如表7.10所示。

表7.10 新划定自然保护地各功能分区管控规则

大类分区	小类分区	管控规则
核心保护区	原生封闭保护区	原貌保护，禁止进入，严格控制科学研究活动
	科研观测控制区	① 实行科学研究进入许可制度 ② 可进行非干扰性科学观测和监测，对保护地进行日常巡护 ③ 加强特色珍稀物种调研，整理名录，提供科研基地

续表

大类分区	小类分区	管控规则
一般控制区（一般保护型）	一般保育修复区	① 维护生态环境，严禁开山采石、乱砍滥伐、随意改造地形，加强水土保持，加强水体和水质保护，禁止使用机动船 ② 采用必要技术措施与设施进行保育修复，恢复山体、植被、水土破坏，保护原始植被，进行林相改造，修复生态景观破坏 ③ 严格限制开发行为，禁猎、禁伐、禁永久性人工设施，分别限制游人和居民活动，不得安排与其无关的项目与设施 ④ 只开展遗迹观光游览、生态旅游活动，严格控制游客容量，禁止外来机动车辆进入
	景观资源控制区	① 保护人文和自然景观，严禁破坏和污染。严格保护地形地貌、山林环境、遗存文物、古树名木，保持景观原生性，严禁开山采石以及破坏自然山体、水体、河岸的建设行为 ② 可配置必要的步行游览和安全防护设施，适当控制游客容量，严禁机动交通及其设施进入 ③ 严控建设活动，除必要的公共服务设施和人文资源点外不得安排新建建设项目；人工构筑物应建立严格的审批制度，防止破坏性建设，逐步拆除损害景观的设施；无关的设施、单位应逐步搬迁 ④ 注重保护文化史迹的真实性和完整性，进行保护性修复、修缮应符合文物保护规定，并同整体风貌相协调；景观复建项目应按原貌修复，方案需经审核
一般控制区（开发利用型）	游憩体验区	① 适度安排各种游赏项目，允许露营、野餐等低干扰的户外活动，允许少量的景观建设，可配置必要的机动交通及其他旅游服务设施 ② 建设项目需合理选址并经过审批，允许建设低密度、小体量的旅游服务点、旅游服务村，以及简易车行道等基本的游览设施；严禁除必要游览设施外的其他类型开发或建设，限期拆除不利设施 ③ 严格保护风景资源的真实性和完整性，控制游览服务设施建设规模和风貌，新建设施应同已有风貌相协调 ④ 分级限制居民活动进入，分级限制机动交通及旅游设施的配备，严格控制非游览性外来机动交通进入
	资源利用区	① 可进行适度的资源利用行为，可采取资源利用许可证制度进行管理 ② 控制性地开展狩猎、垂钓、放牧等活动，禁止开山采石，禁止破坏植被、石景等 ③ 限制建筑建造、林业生产、工程建设。不得进行矿产勘查、开发活动，不得设立大型服务设施，不得建设与游览活动无关的污染设施，合理迁并现状自然村落
	管理服务区	① 准许保持原有土地利用方式与形态，可安排与风景区性质、容量一致的各项旅游设施与基地，可以安排有序的生产、经营管理等设施 ② 统筹游览服务设施实施有序建设，控制建设范围、规模和风貌，遵循小体量、低密度、风貌与环境相协调的原则，禁止建设与自然保护地环境不协调的设施，不得建设有碍观瞻的建筑物 ③ 可设置必要的交通枢纽设施与交通集散中心
	外围缓冲区	① 严格禁止砍伐树木和开山采石，加强植被培育、水土保持和生态恢复，控制农、林、渔业活动 ② 不得进行与保护功能不符的工程建设，不得进行矿产勘查、开发；修建道路等活动不得损伤风景资源与地貌景观 ③ 加强对居民点的规划建设管理，控制其建设规模；建筑物布局、设计不得对景区的景观视域产生威胁；景观特征、建筑高度、建筑密度、建筑形象应与风景名胜区风貌相协调

7.3 自然保护地空间管制的协调性

7.3.1 分类解决历史遗留问题

我国自然保护地长期采取地方自主申报的思路，重申报、轻建设管理的情况严重，部分自然保护地在设立时出于抢救性保护资源、制止开山采石等对自然景观和生态的破坏的目的，加之技术手段落后、自然资源精细化和数据化管理条件不成熟、自然保护地批建后普遍缺少勘界立标环节，导致自然保护地四至范围较大，自然保护地内存在大量村镇、基本农田、工矿产业用地等，历史遗留问题较多。

根据《指导意见》，应分类有序解决历史遗留问题。具体而言，在自然保护地空间管制布局优化评估的基础上，优先将保护价值较低的城镇村或人口密集的居住区域、社区民生设施、交通干线或其他重大基础设施占地、农田果园等调整出自然保护地范围。核心保护区内的原住居民可逐步实施生态移民，对暂时不能搬迁的，可以设立过渡期，允许其开展必要的、基本的生产活动，但不能再扩大生产、生活活动规模和强度。在一般控制区，通过与城镇村的当地社区开展合作，征购地役权，逐步实现自然保护地的土地产权国有化。对于探矿采矿、水电开发、工业建设等项目，应通过分类处置的方式有序退出；根据保护需要，对自然保护地内的耕地、养殖用地等实施退田、退养、还林、还草、还湖、还湿，同时要处理好经营利益和管理权责的关系问题。自然保护地主要历史遗留问题及处理方式可参照表7.11。

表7.11 自然保护地主要历史遗留问题及处理方式

问题类别	处理方式	主要依据
水电开发	对于严重破坏生态环境的违规水电站，应限期退出自然保护区核心区或缓冲区	水利部、国家发展改革委、生态环境部、国家能源局《关于开展长江经济带小水电清理整顿工作的意见》
永久基本农田	对位于国家级自然保护地范围内禁止人为活动区域的永久基本农田，经论证确定后退出	自然资源部、农业农村部《关于加强和改进永久基本农田保护工作的通知》
矿业权等特许经营权	依法依规解决自然保护地内的探矿权、采矿权、取水权、水域滩涂养殖捕捞的权利、特许经营权等合理退出问题	中共中央办公厅、国务院办公厅印发《关于统筹推进自然资源资产产权制度改革的指导意见》
建筑设施	禁止在国家级自然保护区修筑光伏发电、风力发电、火力发电，高尔夫球场开发、房地产开发、会所建设，商业性探矿勘查，以及污染环境、破坏自然资源或者自然景观的设施	原国家林业局第50号令，《在国家级自然保护区修筑设施审批管理暂行办法》

7.3.2　对接调整空间规划

结合第三次国土调查工作和“三区三线”评估调整等工作，组织开展各类自然保护地总体规划和详细规划的编制（或修编）工作。自然保护地总体规划或详细规划作为一类重要的特殊区域型专项规划，需要与国土空间规划充分协调衔接，对接调整总体规划与专项规划之间的矛盾冲突之处，在自然保护地核心保护区与一般控制区的规模、空间布局与管制原则方面达成一致。自然保护地专项规划在编制和审查中需要与地方的国土空间总体规划进行“一张图”核对；专项规划批复后应纳入国土空间数据库，叠加至地方国土空间规划“一张图”中进行统筹联动管理。

自然保护地总体规划和详细规划重点与国土空间总体规划对接“三区三线”与历史文化遗产保护线的空间范围，对冲突之处进行调整优化，并设计重叠管制区的兼容性管制规则。对于生态保护红线，根据自然资源部、生态环境部印发的《生态保护红线评估工作方案》以及其他生态保护红线调整和管控的相关要求，评估自然保护地内与生态保护红线管控要求存在冲突的区域，调整优化后全部划入生态保护红线。对于历史文化遗产保护控制区，应探索“协同协调、共同严格保护”的思路，建立空间用途兼容性清单。

7.3.3　探索社区共管共建模式

我国自然保护地体系建设的特殊性，要求其需要尤其重视保护地管理中的社区合作与共建共享。我国人多地少，国土空间开发保护的矛盾突出，因而自然生态空间往往与人类活动的农业空间、城镇空间交织明显。尤其是自然生态空间保护与农业开发、资源产品开采利用等活动常常会产生较大的矛盾。一方面，大量自然生态空间的土地产权归于私人或地方团体（集体）所有，对其进行空间管制将直接影响当地社区的利益结构，地方有较强的激励和条件参与到自然保护地建设与管制中；另一方面，我国历史悠久，人与自然在长期的耦合中往往形成了独具特色、和谐一致的景观，因而在自然保护地的构建与管理中也不宜将自然生态系统剥离出来，文化景观与自然生态系统应该作为一个具有系统性与高度关联性的共同体被保护。这就涉及如何在自然保护地的管理中处理与当地社区关系的问题，当地社群作为文化生态系统的重要组成部分，其独特的生活模式与文化特征能否得到有效保护也将直接影响自然保护地的原真性与完整性。

世界各国在发展实践中，都越来越重视自然保护地体系建设中与属地关系处理的问题。即世界范围内，保护地管理的事权正在经历逐渐下移与专有性统筹重构的过程，需要探讨如何增加地方主动参与保护的激励性，以及探索生态保护与合理开发利用有机结合的更多可能性。以下是瑞典国家公园治理模式转变中的“地方参与式改革”实例。

瑞典建立自然保护地的最初动机是保存该国的国家遗产和未开发的地区，自然保护地均在皇家土地中挑选，不涉及复杂的产权关系。由于这种传统，瑞典自然保护地管理的决策过程多是基于中央政府专业管理的视角制定保护计划，属地政府未参与其中。但这种国家公园的治理模式在实践中遇到了许多问题。在世界自然文化双遗产The Laponian Area的治理中，当地居民针对中央的治理和规划未能尊重保留地区传统与特有文化——萨米麋鹿驯鹿文化进行抗议，央地之间的分歧主要集中在由谁掌握规划与管理的主导权，以及各利益主体如何有效参与共同治理并进行合宜的管理事权分配。最终的解决方案为构建一套央地政府协同的多层次治理体系，由萨米麋鹿驯鹿社区（地方社区）、郡行政委员会（地方政府）和瑞典环境保护署（中央政府部门）这三个主要的利益主体选派代表，共同组建国家公园的管理机构。而针对另一处保护地Agricultural Landscape of Southern Öland的管理，也体现了地方参与的思路。所有利益相关者之间通过订立法律管理协议进行区域综合管理，从而维持了一种特殊的、与当地自然生态系统休戚相关的古老农耕方式，并且达成了农业生产与自然生态保护的和谐共生。

因而在自然保护地的建设中，需在保护的前提下，在一般控制区内划定适当区域开展生态教育、自然体验、生态旅游等活动，完善公共服务设施，提升公共服务功能，构建高品质、多样化的公共产品供给体系。推行参与式社区管理，按照生态保护需求设立生态管护岗位并优先安排原住居民，积极引导社区居民自发、有序、主动地参与自然保护地的保护。对试点区域内因保护而使用受限的集体土地、林地、草地等建立合理的补偿机制。扶持和规范原住居民从事环境友好型经营活动，践行公民生态环境行为规范，支持和传承传统文化及人地和谐的生态产业模式[1]，建立社区参与旅游的共同管理和运营模式，对相关产业进行授权，促使传统产业向绿色可持续的创新型产业转型，带动社区和周边社会经济与生态文化协调发展（刘冲等，2016）。

7.4 自然保护地空间管制的央地协同模式探索

我国的自然保护地采取“两级设立、分级管理”体制。国家公园由中央政府直接管理、中央与省级政府共同管理或授权省级政府管理。其他自然保护地分为国家级和地方级。国家级自然保护地由国家批准设立，中央政府或省级政府主导管理；地方级自然保护地由省级政府批准设立并确定管理主体。因而在我国自然

[1] 参考《关于建立以国家公园为主体的自然保护地体系的指导意见》。

保护地管理中，央地政府的协同治理模式探索具有重要的意义。

7.4.1 国际国家公园空间管制的经验启示

先选取典型的其他国家，对其国家公园管理体系进行整理分析。由于我国的自然保护地治理模式整体以央地协同型为主，在极少数的重点区域和重点资源保护方面可采取中央集权管理作为补充，因而选取中央集权型与央地协同型治理的代表国家美国、英国、日本作为国际经验对照。三个国家分别来自荒野地模式发源地的北美以及人地耦合关联性较强的西欧和东亚（表7.12）。

表7.12 典型国家的国家公园管理体制分析

类型	美国（中央集权型）	英国（央地协同型）	日本（央地协同型）
所有权	联邦政府直接掌握产权并委托给内政部国家公园管理局管理	土地名义上归英王或国家所有，但大部分国家公园土地实质为私有。国家公园管理局与国家公园内所有的土地所有者合作保护	国有地占比60.2%；公有地占比12.8%；私有地占比26.0%。大部分国有土地归林业局国有林场所有，归自然保护局管理
规划体系	由内务部国家公园管理局丹佛规划设计中心统一编制并普遍征询公众意见	由管理机构颁布管理计划，地方管理部门编写发展原则和规划，国家公园局审批。国家空间法定规划分为区域空间战略与当地规划框架两个层次	由自然环境局管理，实行统一规划，进行不分土地所有权的统一土地利用规划；并建立了成熟的利益相关者参与和共同治理制度，确保不同利益相关者的诉求能在统一的规划中得到最大程度的反映和协调
资金机制	联邦政府财政经常性预算拨款+公园自身特许经营收入+社会捐赠资金	中央政府拨款为每个国家公园出资75%，管理人员与中央政府关系密切	中央环境省财政拨款、各级地方事务所财政拨款与地方自筹贷款、地方财团投资各占1/3
管理机制	国家-地方-公园三层次垂直管理体制，中央高度集权，地方政府无权介入管理；所有人事任命、管理培训由国家公园管理局统一负责	国家、地方政府、当地居民、非政府组织共同治理。公园管理局人员包括国家任命者（占1/4）、地方政府任命者（占1/3）、教区提名者，国家公园所涉及的每个独立地方治理主体均至少选派一名代表	中央地方协同的多重管理模式，实行国家公园管理团体制度。中央部门设立法律法规并派驻自然保护官，地方上报、环境大臣指定一定能力的一般社团法人或非营利组织作为实际上的公园管理团体组织
经营机制	管理权与经营权分开，经营项目须采取特许经营；管理机构抽取特许经营利润的7%或经营收入的2.5%～3%	管理权与经营权分开，实行特许经营制度	实行特许承租人制度，经营者与中央环境省、地方事务所共同参与经营开发
监督机制	上级主管部门和公众共同监督	国家引导地方，由上级主管部门监督	上级主管部门和公众共同监督

对以上信息进行归纳总结，可得到三点启示。

其一，自然保护地的规划管制模式与土地产权制度的关联密切，土地发展权的国有化与核心地带土地所有权的国有化是保障中央对国家公园规划管制意志落实的重要基础。在中央集权制的治理模式中，国家公园的土地产权全盘由中央政府掌握，由国家部门管理局统一行使所有权和规划管制；而在央地协同管理模式中，国家公园的土地产权情况则通常较为复杂。如英国大多数为实质私有土地，而日本的私有地占比也接近三成，因而对国家公园进行规划管制时往往需要在国家公园管理机构的统一组织下切实考虑规划管制行为可能对地方权益人造成的影响。如英国的国家公园规划管制分为区域空间战略与当地规划框架双层次进行，而日本的国家公园规划管制也反映了类似的思路，在高层次进行不区别土地所有权的统一土地利用规划，代表国家与社会行使对国家公园的保护管制，而在低层次又建立了成熟的利益相关者参与和共同治理制度，使地方利益诉求也能充分反映在规划管制中。但整体而言，各国在进行国家公园治理时都在推进土地征购：在日本自然保护地中，遗产价值最高区域的土地必须归属国家所有，同时中央政府在实行统一的土地利用规划中体现了土地发展权国有化的思路；而英国中央政府虽然不能拥有完全的土地所有权，但中央政府在规划审批监督管制方面的权利巨大，牢牢掌握着国家公园的土地发展权。

其二，自然保护地制定规划计划与监督的事权整体上行，执行规划管理计划的事权整体下行。制定规划计划与监督的事权整体上行，即目标设定权与检查监督权上行，并以专业化部门统一干预指导的形式进行，即使在央地协同型管理模式中也保留了中央部门介入进行专业化管理的权限；而执行规划管理计划的事权整体下行，即实施权与激励权下放，即使是中央集权型模式也需要大量的社会团体与志愿者进行配合。

其三，中央财政与社会团体往往在自然保护地的运营资金方面承担了较大的比重，分担了地方财政的压力，而我国目前自然保护地管理中资金机制的问题在于地方财政承担了过多与其不相匹配的国土空间保护与修复责任。未来需要进一步厘清中央与地方之间事权与财权的划分，明确中央政府在国家公园等重要自然保护地建设中应承担的管理责任与资金责任，同时建立良好的生态文明体制机制，为市场力量和社会资金在国家公园治理中的有效参与提供优良的环境。

7.4.2 纵向分级确定央地政府事权边界

自然保护地不同分区承载的自然资源要素管制要求不同，允许进行土地开发与人类活动的强度与政策成本也有所不同，造成了地方政府或社会团体在不同分区规划管制中的参与积极性与反控制动机具有差异性。这直接影响了规划管制与项目运作中的央地事权主导关系。综合比较央地政府在自然保护地管理中的比较优势，考虑央地政府的纵向博弈与协同关系，遵循“三区法”分三圈层展开如下讨论。

第一圈层，涉及开发建设类要素区域（如管理服务区和一般游憩区）的规划事权应该尽可能下放至区域统筹治理机构，由其统筹负责规划建设以及项目的运营管理。涉及地区间外部性事宜（如跨区域对接、损益补偿等）的，则由区域统筹机构建立契约式框架进行协调。

第二圈层，一般保护区需要建立中央、地方与属地社区社群三方之间的共同管制框架。其中，规划管制目标设定与检查监督权上行，而管理执行、项目运营与激励分配的权限下放至区域统筹治理机构。

第三圈层，涉及保障型非建设类要素区域（如原生封闭保护区和科研观测区）的规划管制事权则应该尽可能上行，加大中央政府在区域统筹治理中的干预和管控作用，与其相关的项目运营在必要时还需专业的中央部门投入资金和技术上的支持。

7.4.3 横向分类确定专业部门涉入深度

进而，在横向维度上，按照外部性的波及范围能否有效在统筹治理区域内部化的原则，对规划管制与项目运作中是由区域统筹机构主导还是由专业部门联合主导进行以下讨论。

在纵向维度上的讨论更多是基于一种区域性的分级视角，即从国家公园整体或内部子区域的保护重要性级别与开发激励性级别来讨论规划管制与项目运作中的主导权和控制权应如何在央地之间进行分配；而在横向维度上的讨论更多是基于一种要素性的分类视角，即判断国家公园内所涉及要素的规划管制与项目运作过程中的外部性是否涉及全国范围以致无法以地域重构和区域统筹治理的方式有效内部化。如果是，则需要针对特定要素引入由专业性部门主导的治理模式。

对于区域统筹机构与要素部门在规划管制与项目运作中的事权关系分析，将回应我国当前自然保护地体系的主要问题，即如何处理部门管理与属地管理之间的关系问题。这也是如何由国家公园体制改革破解过去自然保护地体系建设中“多头管理、九龙治水”问题的关键所在。

自然保护地保护修复过程中涉及的要素可分为专业性要素与非专业性要素。其中，对于非专业性要素的规划管制与项目运作，可以采取以区域统筹机构掌握空间治理过程中的主动权进行统筹安排；而对于专业性要素，其在空间管制与开发保护修复项目运作中的专业性程度和要素本身在全国生态安全战略格局中的重要性与不可替代性程度都决定了其外部性波及范围广，需要在区域统筹机构掌握整体规划管制主导权的基础上，针对特定类型要素引入由专业性部门联合主导的治理模式进行叠加。根据我国自然保护地治理的相关经验，在属地管理的基础上叠加部门管理的模式，需要着重在两方面做好问题应对：以单部门主导多部门统筹的方式应对多头管理与重叠管制的问题；以要素统筹权上收与纵向间效果导向的概要性监督管控应对属地管理架空部门管制的问题。

第一，以单部门主导多部门统筹的方式应对多头管理与重叠管制的问题。自然保护地规划管制中所涉及的核心性专业类要素必然具有多样性，所涉及的专业性中央部门或管理机构也相应地具有多样性。在要素部门主导的联合治理中要想由“九龙治水”转为“五指成拳”，需先对区域进行综合评价，确定区域的核心生态系统与主导功能，并以此区域生态系统主导功能的优化为最高目标和原则对所涉及的多要素进行统筹规划管制，根据核心生态系统功能优化中各要素耦合作用的内在机制确定各部门在规划管制中的矛盾协调原则与相互避让的优先级。具体操作过程为：由涉及核心主导功能的专业性部门作为统领和区域统筹治理过程中的实质介入方，其他部门仅起配合作用（即底线保障与必要的监管监察作用），主要负责提供行业规范、资金技术、专业性规划的底线管控要求以及对相关监督监管的参与权提出要求，由主导部门负责进行多部门统筹，并以统一的规划管制或打包的项目下达到地方，对区域治理机构的管制过程进行专业性的叠加干预。

第二，以要素统筹权上收与纵向间效果导向的概要性监督管控应对属地管理架空部门管制的问题。从我国过往自然保护地管理的经验教训可知，要想在属地管理上叠加的部门管制产生实质性的管控效果、不被属地管理所架空，就必须将要素间统筹与部门间统筹的过程上移，在中央部门层次上进行统筹，而非以“九龙治水”的形式下达至属地，再由地方进行打包重组。在高层次上进行要素统筹的具体操作方式已在第一点中说明。此外，由于要素统筹过程上移，各部门对国家公园区域统筹规划管制的目标设定与监督监管指标也应以一种效果导向的、更加概要性的形式下达（如水质、碳汇、生物多样性、原生地被植物覆盖率等），而非针对具体要素进行逐一考核。

综合以上纵横两维度的探讨，可以组合成为自然保护地空间管制与项目运作模式的四种主要类型：

① 在中央强干预下由区域统筹机构主导的项目模式类似于上级指定试点，中央在其中对组织实施的干预作用较强，但目标制定与监督考核权均采用一事一议的方式由区域统筹机构决定；

② 在中央强干预下由要素部门联合主导的项目模式（仅为小部分补充叠加式）类似于科层制下达专项任务，三项主要的控制权均由中央政府掌控；

③ 在地方强参与下由区域统筹机构主导的项目模式类似于契约式项目，三项主要的控制权均由区域统筹机构掌控；

④ 在地方强参与下由要素部门联合主导的项目模式（仅为小部分补充叠加式）则类似于地方在中央专业部门提供的项目库中进行公共品采购，实施干预权下放至区域统筹机构和地方，而中央保留目标制定和监督考核的权限。

7.5 自然保护地空间管制的利益协调机制探索

7.5.1 自然保护地主要损益协调工具

国际自然保护地管理体系中采取的利益还原工具包括三种主要形式：

① 针对土地权属进行的损益协调，一般依附于针对土地的规划管制政策中，具体方式包括土地征收、长期公共租赁、土地发展权转移（TDR）、土地发展权购买（PDR，即政府在保留私人土地所有权的条件下对土地发展权进行购买使其公有化）；

② 利用土地税费的方式进行损益协调，一般依附于政府的财税政策，具体方式包括征收土地增值税（即对由于规划管制而造成的土地增值或减值通过税费的方式进行再平衡）、征收开发影响费（对开发类要素的利益主体征收，用于政府承担的具有外部性与公益性的产品提供，如基础设施与公共服务设施建设）；

③ 涉及当地社区共同参与的损益协调，包括土地重划、土地整理与生态移民等。

关于国内自然保护地管理体系中的利益还原与损益协调制度探索，《建立国家公园体制总体方案》（以下简称《方案》）中提出了概要性的制度构建方向，即健全生态保护补偿制度。具体而言，包括以下几方面要点。

① 针对资源产品的生态补偿：建立健全森林、草原、湿地、荒漠、海洋、水流、耕地等领域生态保护补偿机制。

② 中央针对重点区域的竖向补偿：加大重点生态功能区转移支付力度。

③ 地区间的定向横向补偿：鼓励受益地区与国家公园所在地区通过资金补偿等方式建立横向补偿关系。

此外，《方案》还提出了相关的保障机制：加强生态保护补偿效益评估，完善生态保护成效与资金分配挂钩的激励约束机制，加强对生态保护补偿资金使用的监督管理。

7.5.2 四类损益协调机制适用情境分析

以产品或生态系统服务价值是否易显化量化与损益主体是否能在结算体系内明确这两个影响有效交易市场构建的关键因素为划分维度，可得到适用情境各不相同的四类自然保护地空间管制的损益协调机制。

（1）资源产品或服务的有偿使用制度

资源产品或服务的有偿使用制度是一种针对特定利益主体、针对特定资源产品或服务的损益协调方式。由于其在交易对象与交易产品价值方面均有确定性，因此在搭建好交易市场的基本框架后即可进行类市场化运作。具体方式为：在区域统筹治理机构的主导与监管下，由受益地区的政府治理主体或社会团体向受管制（利益受损）地区治理主体或社会团体支付资源产品的有偿使用费（如在流域内针对水资源使用收费等），以及合理分配由于在自然保护地内进行特许经营或发展生态旅游产业而获得的收益。该机制运行的关键在于区域内部自然资源资产在各治理主体间合理的确权登记制度与完善的资源资产总量与流量监管制度。同时，由于该类型补偿方式具有较好的市场化运作条件，可以由地方政府适当引入其他社会资本参与投资经营，或与本地社区建立合作框架共同经营。

（2）区内发展权定向转移制度

区内发展权定向转移制度是在利益主体明确、但交易产品价值的量化与显化较为困难的情况下，由区域统筹机构主导，通过土地发展权在特定主体之间定向转移的方式实现损益协调的。由于我国的土地所有权虚设（张千帆，2012），因而由于自然保护地的空间管制或项目运作而造成的土地发展收益分配（或土地发展受抑制的补偿）是区域统筹视角下自然保护地损益协调机制构建需要重点关注的问题。由于规划管制而造成土地发展权变化不像资源产品或服务一样具有价值易显化量化的特性，而更多体现为一种间接的受益或损害，因而各治理主体（地方政府）不具有参与的积极性，更多需要区域统筹治理机构以一种强制性的手段构建区域内的发展权定向转移与补偿制度的规则框架。同时，因规划管制政策引起的土地发展权损益波及的空间范围有限，由区域统筹机构在机制构建与运作中起主导作用也较为合适。具体而言，区域内部的发展权定向转移可以通过两种渠道进行——经济手段与非经济手段。

经济手段指以土地增值部分收益分享的方式进行损益协调，针对区域内部由同一项规划管制政策引起的土地增值与土地减值，由区域统筹机构主导，对受益方征收土地增值税或开发影响费等相关税费，进而以横向补偿的方式对受损方进行补偿。

而非经济手段指通过土地权属置换的方式进行损益协调。这涉及重点保护区域规划管制中必须进行的生态移民搬迁等问题，本质上是通过土地重划对局部土地权属（包括所有权与发展权）进行调整，进而达到全区域要素空间配置优化的目的。土地重划的过程蕴含着土地发展权的转移，其损益协调更多以土地权属置换的方式进行，即“补地补指标”。我国在耕地保护与土地整治领域较为成熟的“占补平衡”和“增减挂钩”政策工具本质上就属于非经济手段的土地发展权转移。但针对生态保护修复进行的指标交易与发展权转移比当前针对农用地进行的增减挂钩、占补平衡所面临的情形更加复杂。生态保护修复具有验收非标准性、功能服务特殊性、效益外部性强等特点，同时还涉及土地重划与生态搬迁执行过程中深度的社区涉入，故而需要更具有信息优势的地方政府配合区域统筹机构采取一事一议的方式小规模推行。

以上两种都可以理解为在区域统筹机构的主导下，在明确的利益主体（地区政府）间搭建的横向生态补偿机制；而以下两种则属于在受益主体不明确（通常在全国范围内）的情况下，仅靠区域统筹机构无法在其结算体系内完成外部性的内部化过程，因而需要诉诸外部力量，由中央政府建立一种竖向的生态补偿机制。

（3）按效果量化进行生态补偿

按效果量化进行生态补偿是在受益主体不明确、但交易产品可以进行价值量化与显化的情况下，由中央设定生态效益的量化考核标准，在全国范围内以转移支付的形式按效果量化对保护地进行生态补偿。该机制的构建有以下三个关键点。

① 需要建立一套与生态补偿资金发放相配套的生态效应量化考核机制，选取在全国范围内具有普适性可通行的概要性量化评价指标（如碳汇量），使保护成效与资金分配可以准确挂钩。

② 需要建立补偿或交易的初始标准，即按照主导功能界定每个地区应完成的与其当前发展阶段和发展定位相匹配的生态系统保护修复责任目标（如满足当地生产生活基本的碳足迹与水需求），按照环境收支平衡来确定生态补偿区域。地方超额完成的生态保护责任由中央提供补偿，而地方未能达标的部分则需要上交相应税费。

③ 建立保障上述补偿交易顺利进行的依据区域主导功能进行的差异化绩效考核机制，其将作为驱动力提升地方的参与激励制度，促进要素按照主导功能优化的方向流动。

（4）针对特定保护地的地役权保护机制

针对特定保护地的地役权保护机制类似于国际上的土地发展权购买（PDR）、土地征收或长期租赁。这种情形中，损益主体与交易品价值两方面均不明确。由于某些特定区域上承载的自然生态系统与资源对国家安全以及子孙后代的福祉具有重要意义，而其在开发过程中又具有引起环境质变的可能性和不确定性，因此不能通过简单的定价机制来对其开发权利或保护责任进行交易，而只能由中央政府出于谨慎性原则，采取地役权保护的方式对其当下与未来开发的可能性进行暂时封存。这也是中央政府作为维护国土安全、生态安全与国家可持续发展的最高理性机构应当承担的责任。但这种机制下的生态补偿标准并不明确，可以尝试从以下两个角度进行考虑。

① 从逆向的角度，考虑该地潜在的土地发展机会成本，补偿标准应与针对该地区规划管制的内容和强度密切相关。

② 从正向的角度，考虑地役权保护的成效，则需要由中央按照该地区的主导功能对生态保护成效进行监督考核。补偿标准应与监督考核的结果密切相关；效

果考核宜以效果为导向，寻找适宜的指标进行动态化的监测（如水质、生物多样性、原生地被植物覆盖率），采取底线指标与绩效指标相结合的方式。达成底线指标是受地役权保护地区的责任，若无法达成将受到相应惩戒，而绩效指标作为激励机制，可与生态补偿资金的增长正向相关。

此外，由于针对特定保护区的地役权保护已经涉及了部分对未来不确定性的时间外部性的处理，因而可以适当引入土地金融机制，使社会资本、信托机构等能广泛参与其中。

上述四种损益协调机制都基于一种即时交易市场模型，而在现实运作中还应由中央政府为主导构建跨时均衡机制，作为对损益协调即时交易市场模型的完善，以消除由于自然资源与生态环境保护修复的长期性和不确定性引起的时间外部性影响。具体而言，可以由中央政府在损益协调市场机制的设计中引入更多的金融工具，使社会资本能够通过多元化的融资方式参与其中。

后记

中国人自古便爱山水自然。于其而言，山水之形胜，自是一缕“野芳发而幽香，佳木秀而繁阴”的生机，一份“人闲桂花落，夜静春山空”的静谧，以及一股“会当凌绝顶，一览众山小”的气魄。古人观山水是观其境、悟其意，浮世沉沦之余寻一处清心静谧之地以寄情；当代人在西方现代山水自然观的影响下开始更注重风景美学之外的领域，如生态的保育、生境的恢复、游人体验模式的丰富等方面。

如何依据国家生态文明建设的要求，在国土空间规划及自然保护地整合等国家宏观政策如火如荼进行的新时代背景下，秉承中国自古沿袭至今的人与自然和谐平衡发展的朴素自然观，以自然保护地整合为契机，深入挖掘城市的人文与自然底蕴，在市域层面构建自然保护地体系，借政策机遇之势，实现区域自然保护地系统的联动发展，进而带动地区社会、经济、文化的发展提升是当前亟待解决的紧要问题。

本书对上述全新领域的探索进行了总结，通过对江山市域范围内的现状自然保护地情况进行摸底研究，以数据分析技术为支撑，以国土空间规划“三区三线”为依托，以全域风景资源综合价值的评价为基础，以边界优化整合衔接为措施，以分区分级分类管控为手段，构建出市域范围自然保护地的整合体系。本书为江山市的各类自然保护地的后续各类规划设计提供了范围及管控依据。也希望本书能为其他地区自然保护地的整合提供适当的参考与借鉴，为实现建设中国特色的以国家公园为主体的自然保护地体系的总体目标以及世界自然可持续发展出一份力。

参考文献

陈娜，2016. 国家公园行政管理体制研究[D]. 昆明：云南大学.

董茜，李江风，方世明，等，2016. 基于GIS的地质公园保护区划分：以湖北神农架世界地质公园为例[J]. 国土资源遥感，28(03):154-159.

傅伯杰，于丹丹，吕楠，2017. 中国生物多样性与生态系统服务评估指标体系[J]. 生态学报，37(02):341-348.

傅强，2013. 基于生态网络的非建设用地评价方法研究[D]. 北京：清华大学.

符蓉，喻锋，于海跃，2014. 国内外生态用地理论研究与实践探索[J]. 国土资源情报，(02):32-36.

郭子良，2016. 中国自然保护综合地理区划与自然保护区体系有效性分析[D]. 北京：北京林业大学.

郭子良，崔国发，2013. 中国地貌区划系统：以自然保护区体系建设为目标[J]. 生态学报，33(19):6264-6276.

何思源，苏杨，罗慧男，等，2017. 基于细化保护需求的保护地空间管制技术研究：以中国国家公园体制建设为目标[J]. 环境保护，45(Z1):50-57.

胡金明，杨飞龄，刘锋，等，2018. 基于人为压力和保护优先生境分析的云南省保护地体系优化研究[J]. 云南大学学报：自然科学版，40(06):1159-1170.

贾建中，2012. 我国风景名胜区发展和规划特性[J]. 中国园林，28(11):11-15.

梁诗捷，2008. 美国保护地体系研究[D]. 上海：同济大学.

刘超，2019. 以国家公园为主体的自然保护地体系的法律表达[J]. 吉首大学学报：社会科学版，40(05):81-92.

刘冲，2016. 城步国家公园体制试点区运行机制研究[D]. 长沙：中南林业科技大学.

刘冬，林乃峰，邹长新，等，2015. 国外生态保护地体系对我国生态保护红线划定与管理的启示[J]. 生物多样性，23(06):708-715.

刘某承，王佳然，刘伟玮，等，2019. 国家公园生态保护补偿的政策框架及其关键技术[J]. 生态学报，39(04):209-216.

刘巧芹，赵华甫，吴克宁，等，2014. 基于用地竞争力的潜在土地利用冲突识别研究：以北京大兴区为例[J]. 资源科学，36(08):1579-1589.

陆康英，苏晨辉，2018. 国家公园体制建设背景下自然保护区建设管理的思考[J]. 中南林业调查规划，37(01):14-19.

马童慧，吕偲，雷光春，2019. 中国自然保护地空间重叠分析与保护地体系优化整合对策[J]. 生物多样性，27(07):758-771.

马永欢，黄宝荣，林慧，等，2019. 对我国自然保护地管理体系建设的思考[J]. 生态经济，35(09):182-186.

欧阳志云，徐卫华，2014. 整合我国自然保护区体系，依法建设国家公园[J]. 生物多样性，22(4): 425-426.

彭琳，赵智聪，杨锐，2017. 中国自然保护地体制问题分析与应对[J]. 中国园林，33(04):108-113.

彭杨靖，樊简，邢韶华，等，2018. 中国大陆自然保护地概况及分类体系构想[J]. 生物多样性，26(03):315-325.

束晨阳，2016. 论中国的国家公园与保护地体系建设问题[J]. 中国园林，32(07):19-24.

苏利阳，马永欢，黄宝荣，等，2017. 分级行使全民所有自然资源资产所有权的改革方案研究[J]. 环境保护，45(17):32-37.

苏珊，姚爱静，赵庆磊，等，2019. 国家公园自然资源保护分区研究：以北京长城国家公园体制试点区为例[J]. 生态学报，(22):1-8

唐芳林，2018. 国家公园体制下的自然公园保护管理[J]. 林业建设，(04):1-6.

唐芳林，2010. 中国国家公园建设的理论与实践研究[D]. 南京：南京林业大学.

唐小平，栾晓峰，2017. 构建以国家公园为主体的自然保护地体系[J]. 林业资源管理，(06):1-8.

唐小平，蒋亚芳，刘增力，等，2019. 中国自然保护地体系的顶层设计[J]. 林业资源管理，(03):1-7.

王蕾，马有明，苏杨，2013. 体制机制角度的中国文化与自然遗产地管理体系发展状况和方向[J]. 中国园林，29(12):89-93.

王梦君，孙鸿雁，2018. 建立以国家公园为主体的自然保护地体系路径初探[J]. 林业建设，(03):1-5.

王梦君，唐芳林，孙鸿雁，等，2017. 我国国家公园总体布局初探[J]. 林业建设，(03):7-16.

王献溥，2003. 自然保护实体与IUCN保护区管理类型的关系[J]. 植物杂志发，(06):3-5.

王奕文，唐晓岚，徐君萍，等，2019. 大数据在自然保护地中的运用[J]. 中国林业经济，(04):16-20.

吴承照，刘广宁，2017. 管理目标与国家自然保护地分类系统[J]. 风景园林，(07):16-22.

吴婧洋，严利洁，韩笑，等，2018. 基于我国现行自然保护地制度构建国家公园管理体系[J]. 城市发展研究，25(03):152-156.

夏友照，解焱，Mackinnon John，2011. 保护地管理类别和功能分区结合体系[J]. 应用与环境生物学报，17(06):767-773.

薛达元，2011.《中国生物多样性保护战略与行动计划》的核心内容与实施战略[J]. 生物多样性，19(04):387-388.

杨岚杰，2017. 基于生态保护红线划定的三峡库区土地利用布局研究[D]. 重庆：西南大学.

杨锐，曹越，2018. 论中国自然保护地的远景规模[J]. 中国园林，34(07):5-12.

杨锐，2016. 国家公园与自然保护地研究[M]. 北京:中国建筑工业出版社.

张丽荣，孟锐，潘哲，等，2019. 生态保护地空间重叠与发展冲突问题研究[J]. 生态学报，39(04):1351-1360.

张千帆，2012.城市土地“国家所有”的困惑与消解[J]. 中国法学，(03):178-190.

张同升，孙艳芝，2019. 自然保护地优化整合对风景名胜区的影响[J]. 中国国土资源经济，383(10):8-19.

张文娟，2019. 国家公园之外的保护地如何管?[J]. 中国生态文明，(02):51-53.

赵智聪，杨锐，2019. 论国土空间规划中自然保护地规划之定位[J]. 中国园林，35(08):5-11.

周睿，钟林生，刘家明，等，2016. 中国国家公园体系构建方法研究：以自然保护区为例[J]. 资源科学，38(04):577-587.

庄优波，2018. IUCN保护地管理分类研究与借鉴[J]. 中国园林，34(07):17-22.

Bhola N, Juffe Bignoli D, Burguess N, et al,2016. Protected planet report 2016: How protected areas contribute to achieving global targets for biodiversity 2016[R]. UNEP World Conservation Monitoring Centre (UNEP-WCMC).

CCEA,2008. Canadian Guidebook: for the application of IUCN protected area categories 2008[G].

Chape S, Blyth S, Fish L, et al,2003. United Nations list of protected areas[M]. UK:IUCN Publishers.

Costanza R, D'Arge R, Groot RD, et al,1997. The value of the world's ecosystem services and natural capital[J]. World Environment, 387(1):3-15.

Dowling RK, 2008. The emergence of geotourism and geoparks[J]. Journal of Tourism, 9(2) : 227-236.

Farsani NT, Coelho C, Costa C,2011. Geotourism and geoparks as novel strategies for socio-economic development in rural areas[J]. International Journal of Tourism Research, 13(1) : 68-81.

Ghermandi A, Berhf JCJM, Brander LM, et al,2010. Values of natural and human-made wetlands: a meta-analysis.[J]. Water Resources Research, 46(12):137-139.

Gray M,2008.Geodiversity: developing thc paradigm[J]. Proceedings of the Geologists' Association, 119(3/4): 287-298.

Habtemariam BT, Fang QH,2016. Zoning for a multiple-use marine protected area using spatial multi-criteria analysis: the case of the Sheik Seid Marine National Park in Eritrea[J]. Marine Policy, (63): 135-143.

Heinen JT,2010 Human behavior, incentives, and protected area management[J]. Conservation Biology, 10(2) : 681–684.

Kukkala AS , Moilanen A,2013. Core concepts of spatial prioritisation in systematic conservation planning[J]. Biological Reviews, 88(2):443–464.

Liu JG, Mooney H, Hull V,et al,2015. Systems integration for global sustainability[J]. Science, 347,963.

McDonald RI, Boucher TM,2011. Global development and the future of the protected area strategy[J].Biological Conservation, 144, 383–392

Margules CR, Pressey RL,2000. Systematic conservation planning[J]. Nature, 405(6783):243–253.

Mascia MB,2003 . The human dimension of coral reef marine protected areas: recent social science research and its policy implications[J]. Conservation Biology, 17(2): 630–632.

Mittermeier RA, Gil PR, Mittermeier CG, et al,1997. Megadiversity: earth’s biologically wealthiest nations[M]. Mexico City: CEMEX.

Myers N,1988. Threatened biotas: “hot spots” in tropical forests.[J]. Environmentalist, 8(3):187–208.

Nigel D,2008. Guidelines for applying protected area management categories[M]. Gland：IUCN Publications Services.

Olson DM, Dinerstein E, Wikramanayake ED, et al,2001. Terrestrial ecoregions of the worlds：a new map of life on Earth[J]. BioScience, 51（11）：933–938.

Patzak M, Eder W,1998. Unesco Geopark: a new programme —a new UNESCO label [J]. Geologica Balcanica, 28:33–34.

Saviano M, Di Nauta P, Montella MM, et al,2018. Managing protected areas as cultural landscapes: the case of the Alta Murgia National Park in Italy[J]. Land Use Policy, (76): 290–299.

Sriarkarin S, Lee CH,2018. Integrating multiple attributes for sustainable development in a national park[J]. Tourism Management Perspectives, (28):113–125.

Thomas E. Lovejoy. Protected areas: a prism for a changing world[J].Trends in Ecology & Evolution 21(6):329–333.

Tony P, Fagre D,2005. National parks and protected areas: approaches for balancing social, economic, and ecological values[M]. Blackwell press.

Wang L , Chen A , Gao Z,2011. An exploration into a diversified world of national park systems: China’s prospects within a global context[J]. Journal of Geographical Sciences, 21(5):882–896.

Zhou DQ, Grumbine RE,2011. National parks in China: experiments with protecting nature and human livelihoods in Yunnan province, People’s Republic of China(PRC)[J]. Biological Conservation, 144(5): 1314–1321.